游戏设计与开发

精通Unreal游戏引擎

[英] Ryan Shah 著　　王晓慧 译

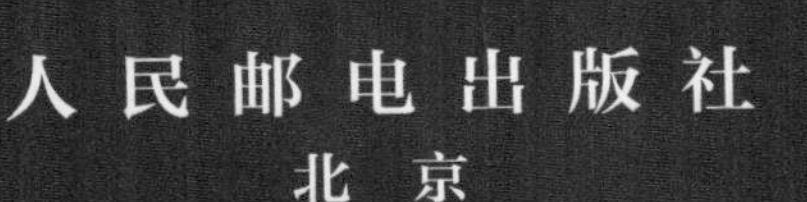
人民邮电出版社
北京

图书在版编目（CIP）数据

精通Unreal游戏引擎 /（英）沙哈（Shah, R.）著 ；
王晓慧译. -- 北京 ：人民邮电出版社，2015.12（2022.10重印）
ISBN 978-7-115-40646-0

Ⅰ. ①精… Ⅱ. ①沙… ②王… Ⅲ. ①三维动画软件
—游戏程序—程序设计 Ⅳ. ①TP391.41

中国版本图书馆CIP数据核字(2015)第247120号

版权声明

◆ 著　[英] Ryan Shah
译　王晓慧
责任编辑　陈冀康
责任印制　张佳莹　焦志炜

◆ 人民邮电出版社出版发行　北京市丰台区成寿寺路 11 号
邮编　100164　电子邮件　315@ptpress.com.cn
网址　https://www.ptpress.com.cn
北京盛通印刷股份有限公司印刷

◆ 开本：800×1000　1/16
印张：12　　2015 年 12 月第 1 版
字数：258 千字　　2022 年 10 月北京第 17 次印刷
著作权合同登记号　图字：01-2015-1267 号

定价：49.80 元

读者服务热线：(010)81055410　印装质量热线：(010)81055316
反盗版热线：(010)81055315

内容提要

Unreal Engine 是目前世界知名度高、应用广泛的游戏引擎之一，最新版本的 Unreal Engine 4 所推出的编辑器 Blueprints 是使用基于节点的交互界面来创建游戏元素和关卡。该系统非常强大且灵活，为设计人员提供了一款高效的设计工具。

本书作者有超过 10 年的游戏设计开发经验，他用具体案例深入浅出地介绍了 Unreal Engine 4 Blueprints。本书通过 39 个步骤引导读者掌握开发技巧，从项目创建开始，学会使用蓝图并操纵蓝图中的摄像机，然后创建自己的控件、灯光以及导航网络等，同时配合以项目间的资源调动，最终完成了点击式冒险游戏的开发。

本书以简洁、有趣的方式讲解 Unreal Engine 4 Blueprints，适合所有想开发电子游戏的读者，以及想要学习 Unreal Engine 4 游戏引擎的读者参考阅读。

前言

Unreal Engine 4 是当下比较流行的电子游戏开发环境 Unreal Engine 的最新版本。Unreal Engine 是第一代游戏机诞生以来各类游戏的动力源泉，无论个人还是商业开发者，都可以使用 Unreal Engine 来开发他们理想的项目。在最新的 Unreal Engine 4 中，Epic 极大地提升了引擎的品质，将未来的效果变成了现实。无论项目大小，无论是商业项目还是个人项目，现在都是使用 Unreal Engine 4 实现的最好时机。

本书采用简洁、清晰、富含信息量并且有趣的方式来开发 Unreal Engine 4 项目，不需要编写代码。通过阅读本书，您可以完整地创建各种小型蓝图项目，掌握开发电子游戏的基本知识。在掌握 Unreal Engine 4 蓝图系统的基础上，您还会了解到引擎背后的秘密。

阅读本书的准备工作

为了更好地使用这本书，您需要一台能够运行 Unreal Engine 4 的 Windows、Mac 或者 Linux 系统的计算机。该计算机至少需要具备以下配置：

- 台式机或者笔记本；
- 64 位 Windows7 系统或者 Mac OS X 10.9.2 系统或以上版本；
- 四核 Intel 或者 AMD 处理器，2.5 GHz 或更高；
- NVIDIA GeForce 470 GTX 或 AMD Radeon 6870 HD 系列显卡或更高；
- 8GB 内存。

此外，还需要 Unreal Engine（版本 4.4 或以上）。

本书的目标读者

本书面向任何想开发电子游戏，但又不知道如何开始的读者；面向希望借助 Unreal Engine 4 的力量来将自己的创作推向更高层次的读者；面向希望不写一行代码就可以开发电子游戏的读者。

对于熟悉 Unreal Engine 4 的读者来说，阅读本书比较容易，本书中每个知识点都讲解得比较清楚，并且配有操作过程的截图，让 Unreal Engine 4 的蓝图系统掌握起来轻而易举。对于没有游戏开发经验的读者来说，阅读本书也应该没有问题。如果您需要额外的帮助，可以直接在 Unreal Engine 论坛（http://forums.unrealengine.com）上提问，或者发邮件到 contact@kitatusstudios.co.uk。

读者反馈

我希望收到反馈。无论是表扬还是批评，都欢迎读者反馈给我。无论读者是喜欢还是讨厌这本书，我都希望知道。反馈对我很重要，它可以帮助我纠正发现的错误，让我知道这本书写的质量如何。我是一个完美主义者，会竭尽全力做到最好。所以本书有任何可以改进的地方，随时给我发邮件到 contact@kitatusstudios.co.uk。

客户支持

如果您购买本书，还可以获得更多的内容，如本书的彩色插图和项目文件。到 http://content.Kitatusstudios.co.uk to 下载这些文件即可！

勘误表

我在撰写本书时，已经确定没有错误。但是随着引擎的更新，可能会有些变化。如果万一有些代码不能运行了，请及时联系我：contact@kitatusstudios.co.uk。这不仅能保证本书的完整性，而且可以避免其他人遇到同样的错误，保证本书顺畅的阅读体验。凡是指出错误的读者，他们的姓名都会记载在下一个版本中！

可供下载的内容

读者可以从 http://content.kitatusstudios.co.uk 下载本书中的彩色插图和 Unreal Engine 4 的项目文件。

联系我们

如果您有任何问题，可以发邮件到 contact@kitatusstudios.co.uk。这个邮箱是开放的，欢迎随时联系我们。

我们的任务是什么

在本书中，我们将要开发一个点击式冒险游戏。因为我想充分使用 Unreal Engine 4 的强大功能，所以将开发一个 3D 点击式冒险游戏。它类似于 Telltale Games 开发的游戏，如 *Sam and Max*（妙探闯通关）、*Tales Of Monkey Island*（猴岛故事）、*Back To The Future*（回到未来）等。

下面我们将要开发什么呢？

- 创建一个交互场景。

- 操纵蓝图中的摄像机。
- 创建自己的控件。
- 从其他项目中导入文件。
- 基本的仓库系统。
- 创建灯光，导航网格及更多东西。
- 如何使用蓝图。
- Int、Float、Bool 有何区别。
- 还有很多很多！

让我们开始任务

要使用的模板

Third-Person Blueprint（第三人物视角）

需要的时间

2～4 小时

我们将要做什么

一个交互式的场景，玩家可以在场景中走动、与其他对象交互、拿物体等。我们也会通过玩家的对话和简单的菜单实现 Matinee 场景（Cutscenes），过场动画及玩家主导的游戏体验。

完成任务之后，您将能够：

- 为创建您自己的点击式冒险游戏项目获得了一个好的开始；
- 通过蓝图理解代码，之后可以脱离教程创建自己的项目；
- 很容易使用 Unreal Engine 创建您自己的项目；
- 学习到使用游戏引擎创建电子游戏的相关知识；
- 度过愉快的学习时光（我保证您会一直轻松和愉快）！

作者简介

Ryan Shah 是 Kitatus Studios 的项目主管和首席程序员，有超过 10 年的电子游戏开发经验，开发过各种类型的电子游戏。

在创办 Kitatus Studios 之前，Ryan 是一位自由撰稿人，曾出版小说。基于曾经当过作家的经历，Ryan 又转向电子游戏开发，以实现自己的想法作为毕生理想。

Ryan 的个人主页是 http://kitatusstudios.co.uk，邮箱是 contact@kitatusstudios.co.uk。

译者简介

王晓慧，女，1987 年 5 月 6 日生。2014 年 7 月于清华大学计算机科学与技术专业获工学博士学位，2014 年 9 月至今于北京科技大学机械工程学院工业设计系担任讲师。计算机学会会员，信息与交互设计专委会高级会员。主要研究方向为计算机科学与设计学交叉、虚拟现实、大数据与信息可视化、情感计算、人机交互等。在国内外学术期刊和会议上发表论文 16 篇，其中被 SCI 收录 3 篇，被 EI 收录 10 篇。邮箱是 xiaohui0506@gmail.com。

作者致谢

非常感谢我漂亮的女朋友 Scarlett，她在任何时候都相信我，她的耐心一直鼓舞着我。

感谢 Epic 基于 Unreal Engine 4 创建了这么丰富并且容易上手的系统。Epic 无愧于被人们称为游戏的改造者！

还要感谢你们——我的读者。可能我不知道你们是谁，但是通过购买这本书，你们不仅支持了我，而且支持了电子游戏产业。有可能这本书帮助您做出了世界上最好的游戏，谁知道呢？一切皆有可能！

目录

第 1 步　开始行动

亲爱的开发者们，大家好！今天我们来解决 Bojan 邮件中提到的问题：

“我想做一个点击式冒险游戏，以及一些智力逻辑类游戏。可以在您以后的书中讲解一下吗？”

Bojan，下面我们就解决这些问题！从最基础的知识入手，循序渐进地制作自己的 3D 点击式冒险游戏。

开始 Unreal 之旅的第一步是下载安装并创建一个新的工程。已有基础的读者对下面的步骤可谓轻车熟路了，而对于第一次接触 Unreal Engine 的读者来说，下面简单的讲解可以帮助您快速上手。

首先，我们需要打开 Unreal Engine 启动程序，安装完 Unreal Engine4[1]，您就可以在桌面上找到它的快捷方式，如图 1 所示。

图 1　Unreal Engine4 启动程序的快捷方式

双击该图标，打开 Unreal Engine4 启动程序，显示欢迎界面，如图 2 所示（注意：随着 Unreal Engine 版本的更新，该界面会有所不同，但熟悉了一个版本之后会很容易上手）。

[1] Unreal Engine 4 指的是 4.x 系列——译者注。

图 2　Unreal Engine4 启动程序的欢迎界面

注意：如果图片不够清晰，可以从 http://content.kitatusstudios.co.uk 免费下载其高清版本。

在我们的游戏项目中，当前选中的玩家通常需要使用高亮材质显示，但我们不必亲自绘制这些材质，Unreal Engine 已经为我们准备好了，下面讲解如何使用。首先进入启动程序中的 Learn（学习）选项卡，单击 Content Examples（内容示例）打开下载页。选择您想要安装的 Unreal Engine 版本，单击 Download（下载）免费下载由 Epic Games 提供的项目文件，帮助您掌握 Unreal Engine。安装成功之后，Download（下载）按钮会变成 Create Project（新建项目）按钮，单击进入并输入项目名称就可以新建项目。

除了 Learn（学习）选项卡之外，您还可以在 Library（库）选项卡下面找到 Content Examples（内容示例）页面。打开 Library 选项卡，您可以看到所有已经建立好的项目，如图 3 所示。向下滑动到 Vault（储藏室）部分，可以找到已经下载好的 Content Examples（内容示例），单击它，输入项目名称，就可以创建新的项目[1]。

[1] 根据译者的 Unreal 使用经验，Vault 部分存放的是所有已经下载的项目模板，原文中的 install 指的是根据模板创建新的项目——译者注。

图 3　Library（库）选项窗口

注意：图中“Secrets!”部分隐藏了作者当前的项目，您的 Unreal Engine 中不会出现这部分内容。

现在 Content Examples（内容示例）已经下载创建成功，我们不是直接打开它，而是新建项目，然后将其中的高亮材质导入到项目中（正如当一个人不存在时，不能给他分发点心一样）。

在启动程序的左上角有一个很漂亮的 Launch（加载）按钮，单击它或者在 Library（库）选项窗口中选择一个 Unreal Engine 版本，单击版本号下方的 Launch（加载）按钮（注意选择版本号 4.5 或以上）。Unreal Engine 启动后，您将看到如图 4 所示的窗口。

图 4　Unreal 项目浏览器窗口

如图 4 所示是 Unreal Engine 的项目浏览器窗口，您可以随意地新建项目，或加载项目文件夹中已有的项目。对于我们的点击式冒险游戏，需要新建一个 Blueprint project（蓝图项目），单击上方的 New Project（新建项目）可进入新建项目窗口，如图 5 所示。

图 5　New Project（新建项目）窗口

新建项目窗口的各项功能一目了然，Projects（项目）和 New Project （新建项目）两个按钮下面有两个选项卡 Blueprint（蓝图）和 C++，让您选择作为新建项目起点来使用的模板类型。

从技术上来讲，在 Unreal Engine4 中使用哪个模板区别不大，因为您可以随时添加 Blueprint（蓝图）或 C++代码到任何项目中。但为了讲解方便，本书将使用蓝图进行描述，所以读者务必使用 Blueprint 选项卡。

在 Blueprint（蓝图）和 C++选项卡内有一些模板供选择。因为我们要创建一个 Telltale 风格[1]的点击交互游戏，需要使用鼠标或游戏控制器来进行移动，所以单击选择 Third Person（第三人物视角）模板，在 Unreal Engine4.5 中，它的样子如图 6 所示。

选择了 Third Person 模板之后，需要在模板视图的下方选择项目的设置。一般来说，可以根据您的需要来选择设置，本书所选择的设置如图 7 所示。我们选择项目的目标硬件类型是桌面或游戏机，具有最高质量的画质级别，以便可以利用 Unreal Engine4 的所有高级渲染功能。

[1] Telltale Games 是一个有名的电脑游戏设计团队，以卢卡斯冒险游戏著称——译者注。

最后我们选择 Starter Content（初学者内容），它包含一些材质和简单物体，免去了我们亲自制备这些素材的麻烦。

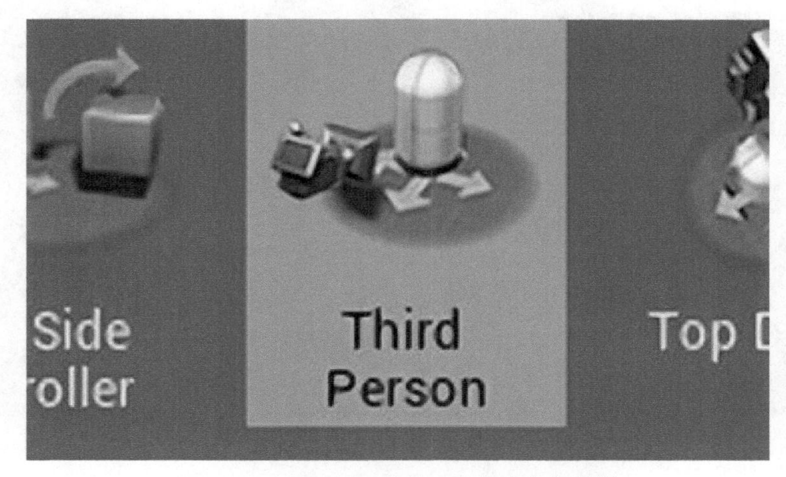

图 6　Third Person（第三人物视角）模板

图 7　项目设置

注意： 图中 3 个标题分别是 Desktop/Console（桌面/控制台）-Maximum Quality（最高画质）- With Starter Content （包含初学者内容）。

最后，在窗口的最下面，设置项目的存储位置和名称。如果默认位置不合适，您可以随意设置新的路径和名称。这里将项目命名为 ArtofBP_03。

图 8　设置项目的存储位置和名称

所有参数设置完毕后，单击 Create Project（创建项目），Unreal Engine4 会开始创建项目，首次创建需要一到两分钟。项目创建加载完毕，就可以看到主窗口了，如图 9 所示。

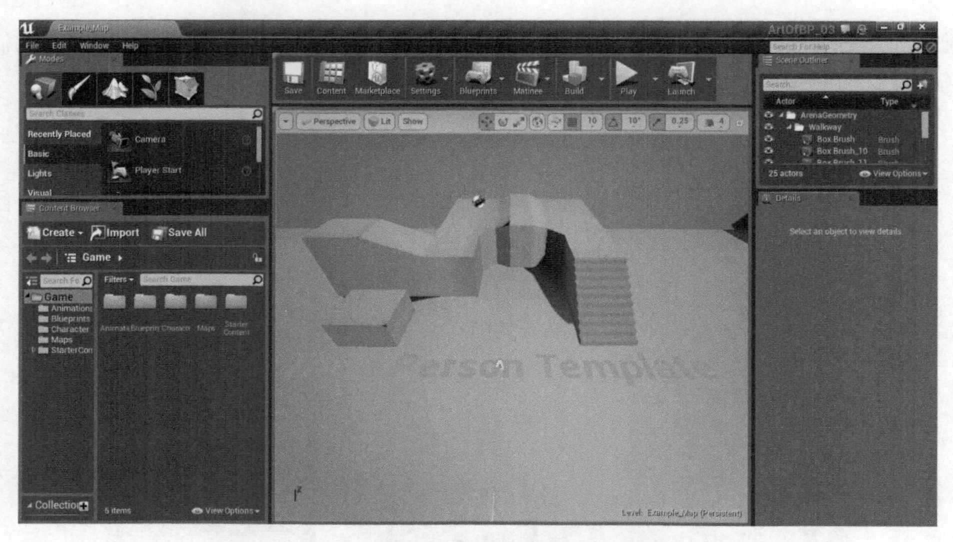

图 9　项目主窗口

注意：现在可以根据您的想法随意编辑项目内容了！但是由于屏幕分辨率不同，看到的界面可能略有不同。

最后，选择主菜单中的 File > Save All（文件>保存所有）命令，保存项目，并关闭项目窗口。

现在我们的项目已经创建好了，下一节将介绍如何把 Content Example（内容示例）中的 Highlight material（高亮材质）导入到我们的项目中。

第 2 步　项目间资源迁移

只要项目已经保存，您就可以在 Unreal Engine 启动程序中找到并打开它。这一次，我们不是新建项目，而是打开已经创建的 Content Examples（内容示例）项目（如果没有下载安装 Content Examples，请参考第 1 步）。

打开 Content Examples（内容示例）项目，使用默认位于窗口左下方的 Content Browser（内容浏览器），如图 10 所示，找到"Game/ExampleContent/Blueprint_Communications/Materials"文件夹（双击文件夹展开其子目录）。

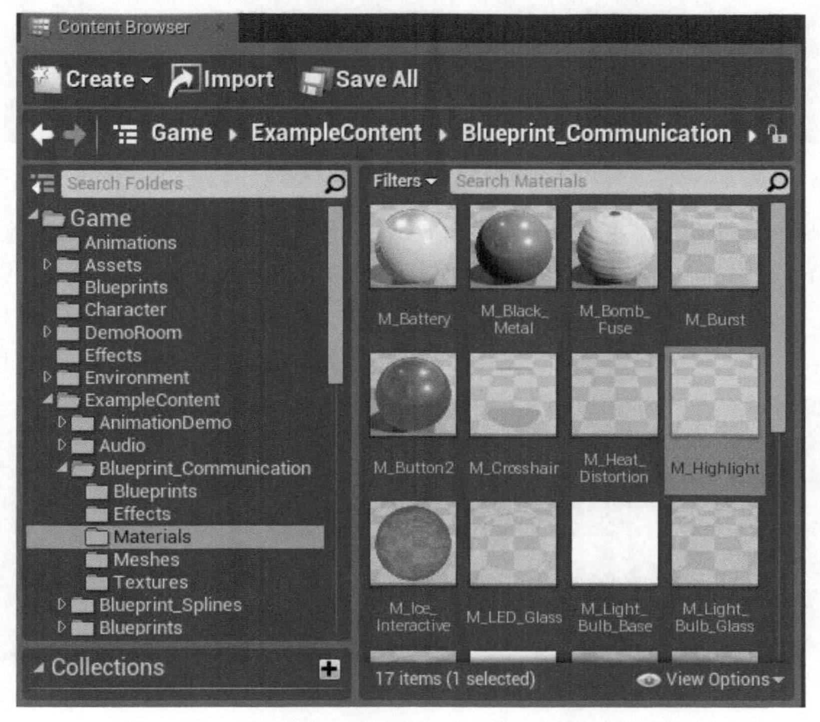

图 10　Content Browser（内容浏览器）窗口

在该文件夹中找到名为 M_Highlight 的材质，可以通过 Search Materials（搜索材质）搜索框来查找。鼠标右键（Mac 上是 Ctrl 键+鼠标左键）单击材质 M_Highlight，在弹出的菜单中选择 Asset Actions（资源操作），并在弹出的二级菜单中单击 Migrate（迁移），如图 11 所示。

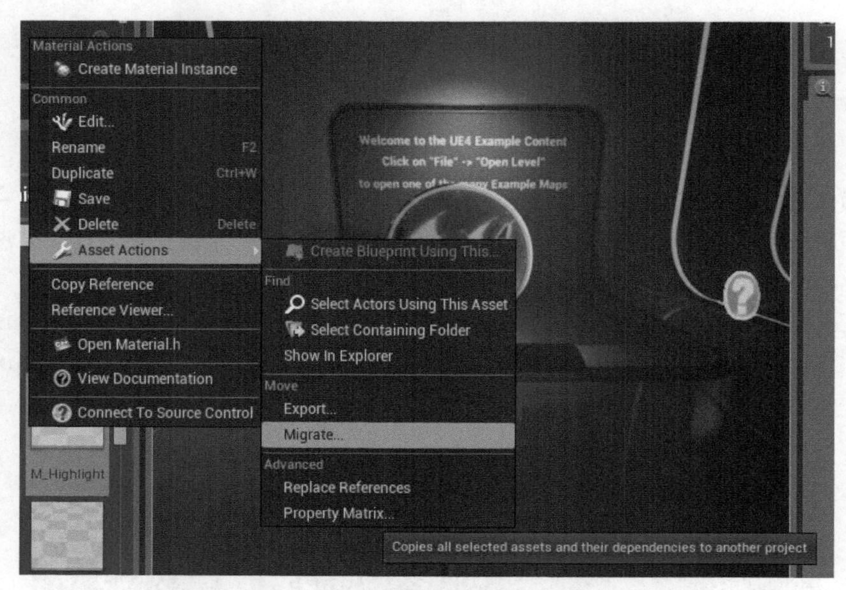

图 11 材质操作窗口

此时会弹出 Asset Report（资源报告）窗口（如图 12 所示），该窗口将显示哪些资源会被导出然后再导入到我们选择的最新项目。我们要移动的资源是材质 M_Highlight，资源报告（如图 12 所示）显示正确，单击 OK（确定）按钮进入下一个窗口，我们将在这个窗口中选择迁移的目标工程。

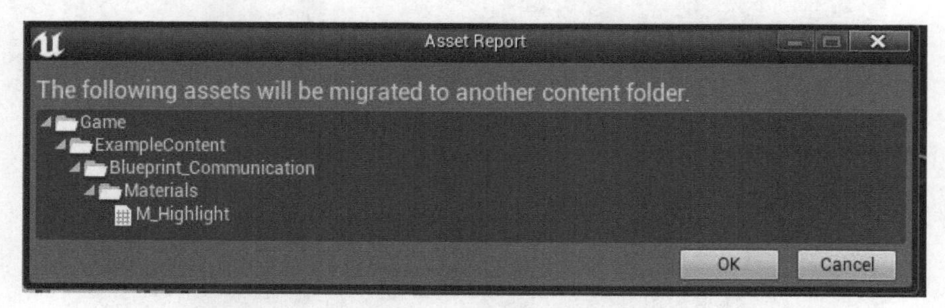

图 12 资源报告窗口

接着，弹出 Browse for Folder（浏览文件夹）窗口，如图 13 所示。定位到上一节所创建的点击式项目，找到该项目文件夹下的 Content 文件夹，正如在 Content Browser（内容浏览器）中所看到的一样，将 M_Highlight 迁移到该文件夹下。

Unreal Engine4 默认的项目创建路径是“C:\Users\YOURUSERNAMEHERE\Documents\Unreal Projects”（例如，作者的 Unreal Engine 项目路径是“C:\Users\Ryuuzaki\Documents\Unreal Projects”）。当然，如果您修改了创建路径，它也会记住这一路

径并将其设置为默认。

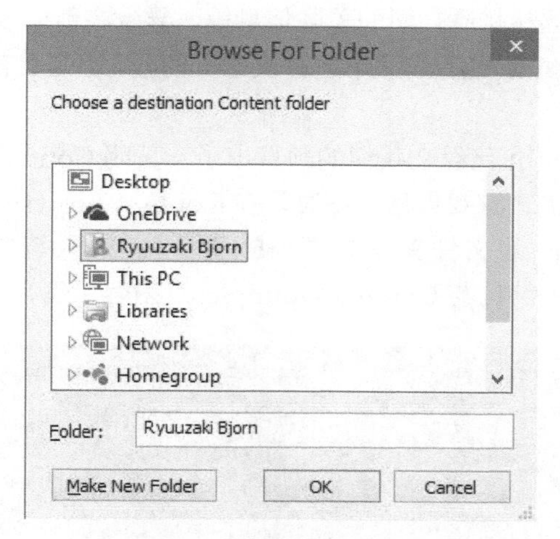

图 13　浏览文件夹窗口

定位到上一节所创建的点击式项目 ArtofBP_03，找到该项目文件夹下的 Content（内容）文件夹，如图 14 所示。最后，单击 OK（确定）按钮，Unreal Engine 将复制材质 M_Highlight 到该目录下。

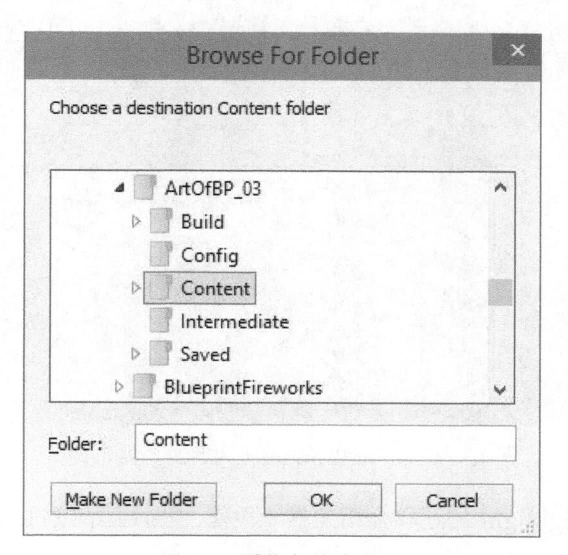

图 14　浏览文件夹窗口

我们为什么这样做，而不采用手动导出资源再到另一个项目中手动导入的方式，或者是直接在项目之间手动拖拽的方式呢？您可能认为是为了操作便捷，但是实际原因是兼容性问题。

因为在 4.5 版本的 Unreal Engine 中，虽然支持手工拖拽及资源导出导入，但这一过程会丢失资源的关联信息，例如纹理和材质之间的关联信息等，导致在新的项目中资源不可用。

毋庸置疑，Unreal Engine 之后的版本将解决这一问题，但是目前还是建议使用 migrating（迁移）功能。

现在，材质 M_Highlight 已经在我们的项目中了。关闭 Content Examples（内容示例）项目，重新打开我们的点击式游戏项目。这时，在 Content Browser（内容浏览器）中多了一个名为 Example Content 的文件夹（如图 15 所示）。进入该文件夹，您会在这里找到 M_Highlight 材质，文件夹结构与 Content Examples（内容示例）中一样。

图 15　Content Browser（内容浏览器）窗口

目前对材质 M_Highlight 的迁移介绍先告一段落，之后会继续讨论。下面将继续我们的点击式游戏项目。

第 3 步　准备地图

现在我们的项目中已经有了高亮材质，在使用它之前，我们需要一张地图。更具体地来说，需要一块游戏场地来展示我们的点击式游戏，这里不适合使用大的开放式环境。您不要误解，一些点击式游戏需要这种场地，但是这里为了展示“点击式技巧”，一个小场地即可。

读者可以按照下面一些纲要性的介绍来制作地图，或者直接从 http://content.kitatusstudios.co.uk 下载。诸如“在这里创建这个，在那里创建那个”的介绍看上去很难掌握，但是别担心，我们仅仅在现有的样例地图 Example_Map 上做最少的改动，让它更适合我们的点击式冒险游戏。

在继续之前，我们先学习一下如何在场景中删除对象。非常简单！首先，也是最重要的，是要确定屏幕上显示的是项目主窗口，即 Content Browser（内容浏览器）在窗口的左下角，场景视图在中间，如图 16 所示。

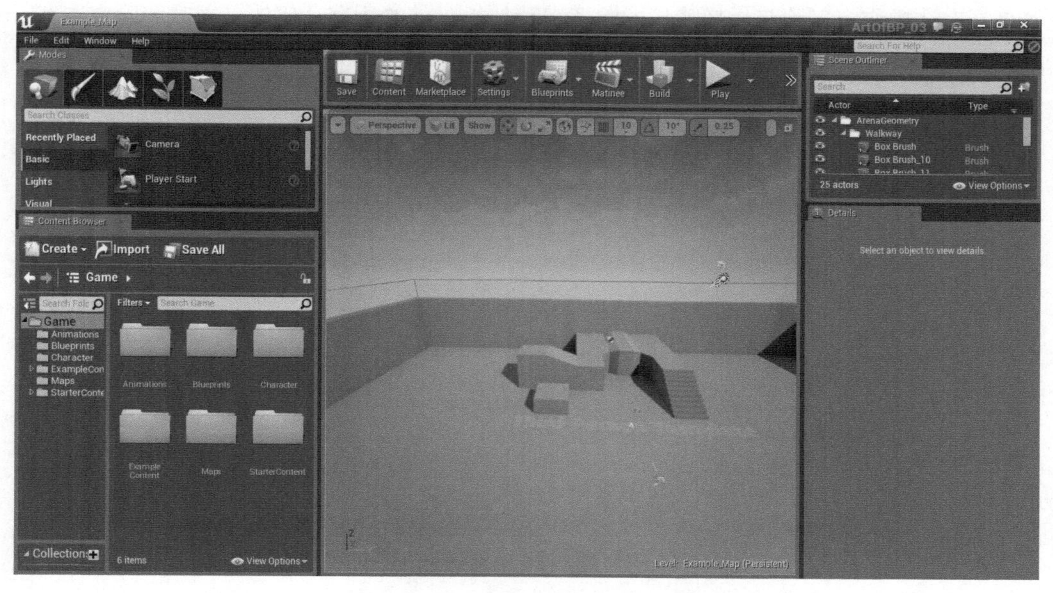

图 16　项目主窗口

我们继续关注场景视图。单击选中楼梯，单击键盘上的 Delete 键，或者右键（Mac 上是 Ctrl 键+鼠标左键）单击楼梯，在弹出的菜单中选择 Edit（编辑）>Delete（删除），楼梯消失，如图 17 所示。

图 17　删除楼梯后的项目场景视图

重复上述操作，删除与楼梯连接的除了墙和地板以外的所有几何体（同时删除文本 Third Person Template）。这时您将看到类似储藏间的地图，如图 18 所示。

图 18　地图

这就是我们的空白场地。下面我们将要创建一个简单的地图来展示我们的点击式冒险游戏。

第 4 步　使用 BSP 创建地图

首先，前往 Modes（模式）窗口（通常在项目主窗口的左上角），如图 19 所示。

图 19　Modes（模式）窗口

注意：该工具栏会根据您屏幕的分辨率隐藏一些选项。拖拉工具栏的底部和侧面边框扩展它，就可以看到所有选项！

下面使用 BSP 刷子创建一些几何体。在此之前，让我来解释一下什么是 BSP，使用 BSP 的好处和注意事项。

BSP 是可编辑的几何体，可以用来充实项目的场景。想一下，您在使用可定制的乐高玩具创建关卡时，可以很快得到雏形，但是乐高玩具并不适用于制作最终产品。为什么呢？因为 BSP 非常占用资源。BSP 的主要功能是帮助您勾勒出一个关卡的轮廓，和正常的静态网格相比，它们在渲染的时候会消耗更多的内存和资源。

读到这里，您肯定要问“为什么一开始还要使用 BSP 呢？”因为 BSP 可以在 Unreal Engine 4 中快速简单地创建一个游戏关卡。在 30 秒之内，您就能创建一个可以自由行动的房间。

此外，您可以将任意的 BSP（或者一些 BSP 的集合）转换为一个静态网格，然后将这个静态网格导出到您喜欢的 3D 建模程序中，进而以它们为基础创建最终的游戏关卡。一旦创建完毕，还能将该网格导回 Engine 来代替 BSP，给您节省了大量的时间和不必要的努力。

关于 BSP 的更多信息，推荐您到 Unreal Engine 网站上或者在 Unreal Engine 4 的窗口中单击 F1 查看相关文档。

现在我们在场景中创建两面墙，把大块空间分割成几个小块，让我们的地图显得更有深度，也更有趣。

前往 Mode（模式）工具箱（记得调整窗口大小以看到所有选项），选择类别 BSP，如图 20 所示，单击 Box（盒子）并拖拽它到项目场景视图中。

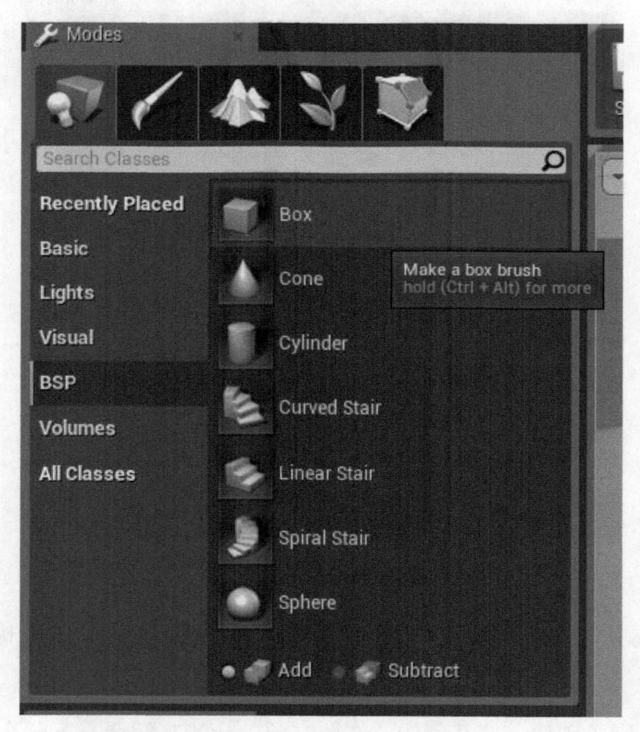

图 20　Modes（模式）工具箱中 BSP 的 Box（盒子）选项

现在场景中在您放置 BSP 的地方已经有了一个大小合适的盒子。需要注意的是，如果您的盒子有一半陷在了地板里，或者有一半嵌入了墙中，可以使用 Transform（平移）工具（由 3 个箭头组成，分别是蓝色、红色和绿色）移动盒子让它刚好坐落在地面上。如果您没有看到平移工具，在场景中直接单击盒子即可，如图 21 所示。

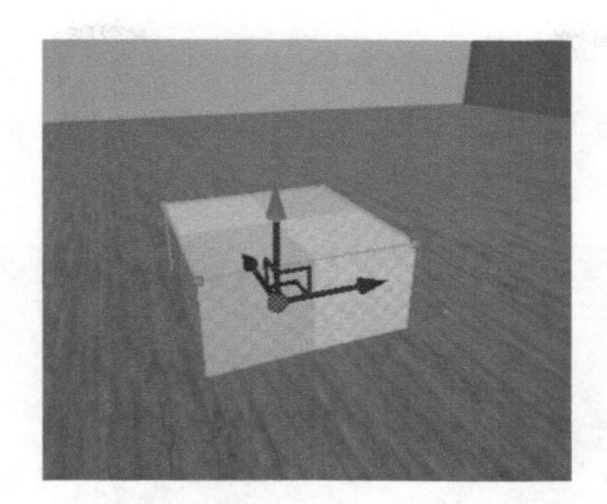

图 21　BSP 的 Box（盒子）实例

注意：为了让您看清图像中的盒子，这里对地面添加了材质。如果书中图像的分辨率不高，可以从 http://content.kitatusstudios.co.uk 网站上下载本书中所有图像的高清版本。

这个盒子看起来不错，但是我们需要的是在当前场景中建一面墙。类似前面的操作，可以很容易地把盒子变成一面墙（记住：直接单击盒子，平移工具就出现了），先把盒子移动到地图中间，如图 22 所示。

图 22　场景视图

注意：当移动盒子的时候，您可能不经意地把它放在了场景中某个物体的上面，这个物体看起来像一个操控杆或者一面旗，且会从中出来一个蓝色的箭头。其中，这个操控杆是玩家的初始位置，箭头是玩家面朝的方向。如果操纵杆在盒子内部，情况会很糟糕，因为玩家将出现在盒子内部，所以在移动盒子的时候请注意这一点。

您可以单击它，使用平移工具将操纵杆移出去，或者在 Scene Outliner（场景大纲视图，通常在工作区的右上方）中找到 Player Start，单击 Player Start 并用平移工具将其移出去。

现在，盒子已经在地图中间了，但是它看起来并不像一面墙。再次前往 Modes（模式）工具箱（我们创建盒子的地方），您会发现 Modes（模式）窗口的上方有 5 个按钮，如图 23 所示。

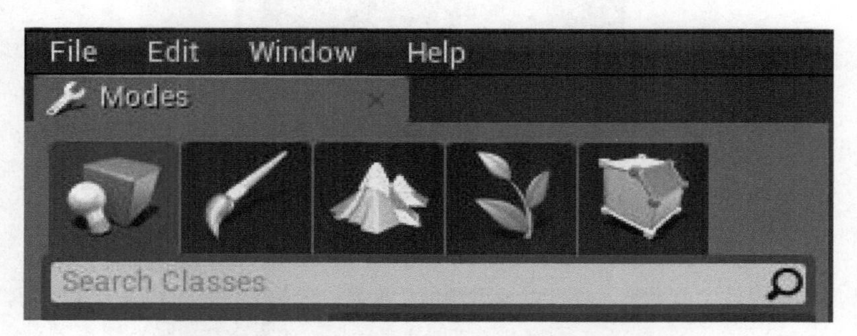

图 23　Modes（模式）窗口上方的 5 个按钮

- **图 #1 Place（放置）**——图标是一个立方体，前面放着一个灯泡。该工具可以实现把光照、BSP、触发器等对象放置到场景中。
- **图 #2 Paint（描画）**——图标是一个画刷。该工具可以实现在静态网格上绘制顶点信息，例如在岩石上添加苔藓（您需要有带有苔藓的岩石材质，这是后续的内容，这里不再赘述）。
- **图 #3 Landscape（地貌）**——图标是被雪覆盖的群山。该工具可以生成地貌（类似 Far Cry 编辑器）或者通过 heightmaps（高度图工具）将事先创建好的地貌导入进来。
- **图 #4 Foliage（植被）**——图标是几片忧郁的叶子。该工具可以实现同时放置许多网格，如草和树木。
- **图 #5 Geometry Edit（几何体编辑）**——图标是被削去了四分之一的盒子。该工具可以实现编辑 BSP 对象的顶点。例如，您可以让盒子的一面变大或者变小；让盒子的两个顶角汇合等。

我们要把立方体变成一面墙，所以使用第五个工具——Geometry Edit（几何体编辑）。直接单击该工具按钮，Modes（模式）工具箱内的选项会发生变化。该工具会自动加载默认设置——Edit（编辑）模式，如图 24 所示。在这 5 个按钮下方有一些单选框，直接单击来实现模式的切换。

这里我们需要 Edit（编辑）模式，所以不改变任何设置，但是有必要了解这些模式选项，方便以后使用。

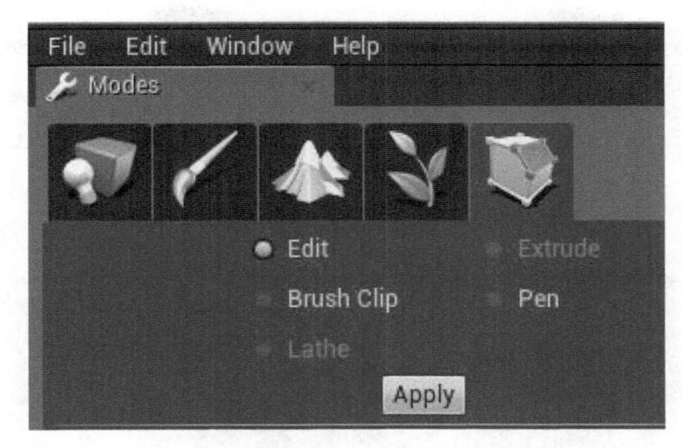

图 24　Geometry Edit（几何体编辑）工具

小提示：直接单击 Geometry Edit（几何体编辑）按钮来激活该工具。Unreal Engine 4 的大部分工具，会有一个明显的激活提示，通常工具按钮会变成橘黄色。Modes（模式）工具栏有一点不同，这里为什么要介绍这个呢？因为很多时候，当您想把一个 BSP 从位置 A 移动到位置 B 时，有可能不经意的选中了盒子的一面然后把盒子变大了。如何阻止这种情况发生呢？很简单！时不时地查看 Modes（模式）窗口，以确定当前选中的是 Place（放置）工具，而不是其他工具。

现在已经选中了 Geometry Edit（几何体编辑）工具，下面单击选中场景视图中待编辑的 BSP。因为我们想编辑之前创建的盒子，所以单击盒子。这时盒子的边缘被黄色和蓝色高亮显示（盒子的顶角上出现蓝色方块），如图 25 所示，表示盒子已经被选中，就可以进行编辑了。

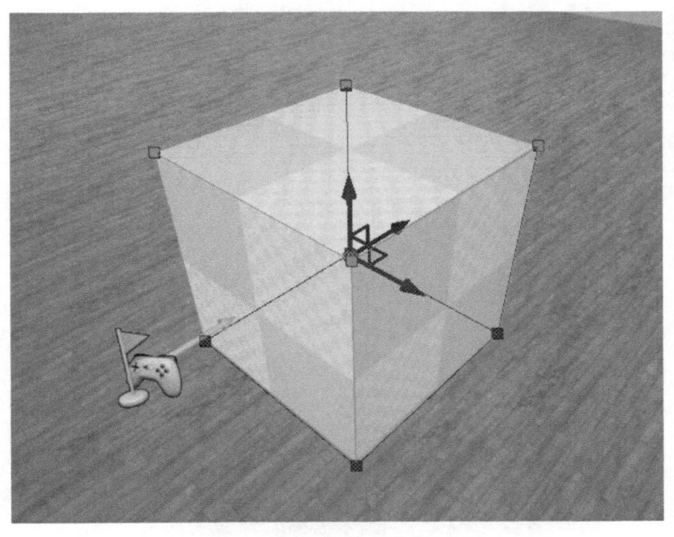

图 25　处于选中状态的盒子

注意： 单击盒子，Gizmo（小工具，选中对象中央的红绿蓝箭头组合）变成了椭圆形状？还是箭头变成了立方体？一旦出现了这两种情况，表示当前处于错误的 Gizmo mode（编辑模式）。我们可以在 Gizmo Selector（编辑模式选择器）中选择正确的编辑模式。Gizmo Selector（编辑模式选择器）在主场景视图中，位于屏幕的中间或者是右上方（这取决于您屏幕的大小），如图 26 所示。

图 26　Gizmo Selector（编辑模式选择器）

黄色底的选项表示当前选中的编辑模式。一共有 3 个选项：左边的表示 Transform（平移），可以在 *XYZ* 平面上移动对象；中间的表示 Rotator（旋转），可以沿着 *XYZ* 坐标旋转对象；右边的表示 Scale（缩放），可以使对象变大或者变小。

为了借助 Geometry Edit（几何体编辑）工具将盒子变成一面墙的形状，我们使用最左边的 Transform（平移）模式。如果该模式当前没有被选中，直接单击 Gizmo Selector（编辑模式选择器）左边的按钮将编辑模式切换为 Transform（平移）。

现在我们可以编辑盒子的大小了，但是如何精确地控制呢？一旦盒子被选中，可以选择盒子的一个面来编辑。所以首先要确定盒子处于选中状态，然后单击任意一面。正处于编辑状态的面会被黄色高亮显示，您可以准确定位它，如图 27 所示。

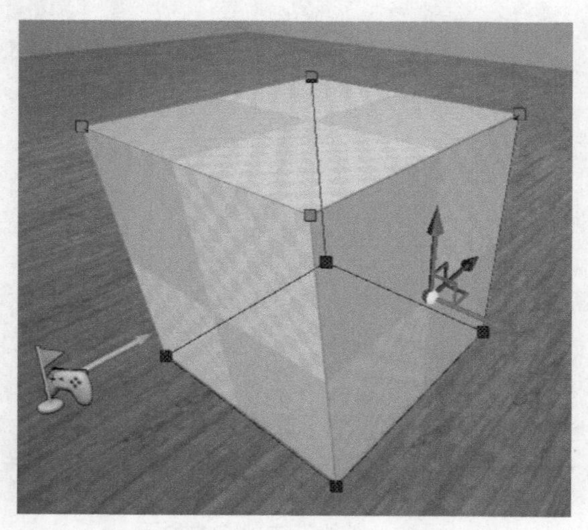

图 27　黄色高亮显示盒子中处于编辑状态的面

对于这个面，我们需要把墙变得窄一点。虽然厚墙也可以，但是窄墙看起来更加美观！在 Transform（平移）编辑模式下，单击绿箭头，按住鼠标左键拖拽箭头直到盒子的厚度是原来的一半，如图 28 所示。

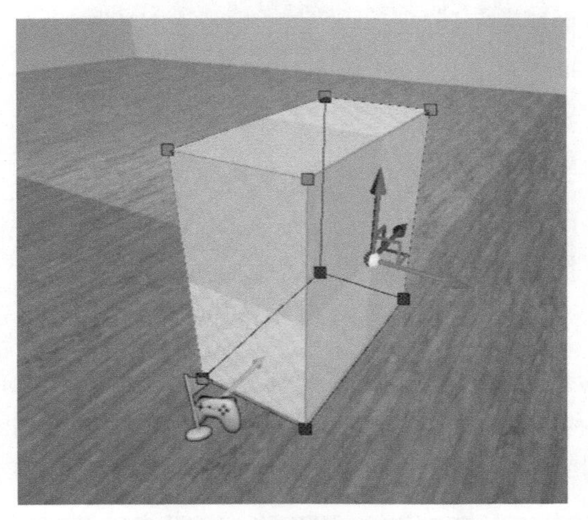

图 28　变窄的盒子

下面就使用上述方法创建一面墙。选中您刚刚编辑的那个面左边的面，拖拽其直至与外墙（首次创建项目时自动生成的）重合，如图 29 所示。

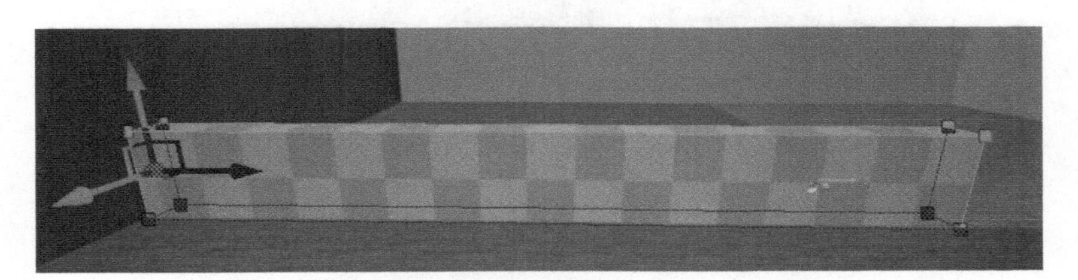

图 29　处于编辑状态的盒子

墙的一侧已经编辑完毕，单击这面墙的另一侧，拖拽其直至与另一面外墙重合，这时游戏场地被分割成了两部分，如图 30 所示。

图 30　处于编辑状态的墙

如何让墙变得高一点？选中最上面的面，拖拽其与外墙的高度一致即可，如图 31 所示。

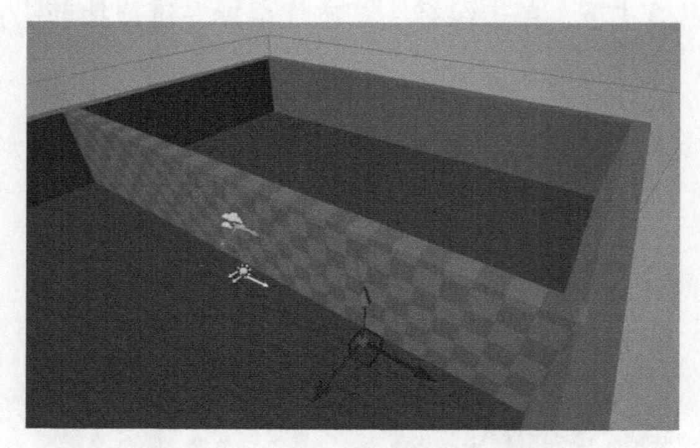

图 31　由盒子编辑而来的墙

我们已经有了一面墙，把场景分割成了两部分。但是在完成之前，还有一些操作。退出 Geometry Edit（几何体编辑）工具，前往 Modes（模式）窗口，单击 Place（放置）按钮（Modes 窗口的最上面，其图标是一个立方体，前面放着一个灯泡），如图 32 所示。

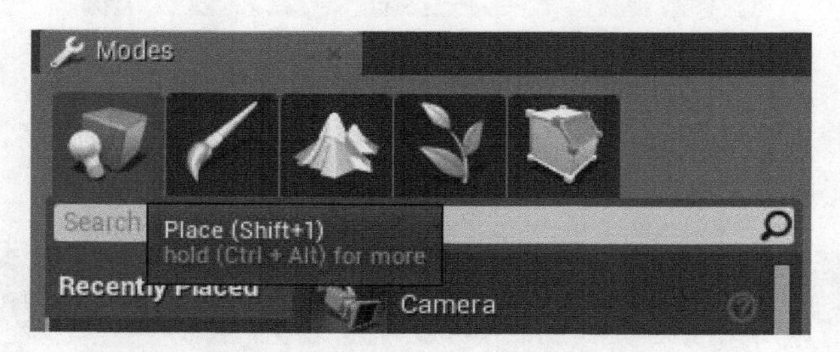

图 32　模式工具栏 Place（放置）工具

然后单击选中刚刚创建好的墙，如图 33 所示。

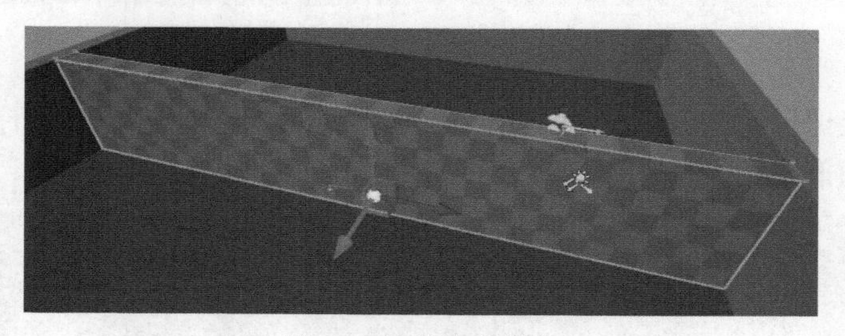

图 33　墙的选中状态

同时按 Ctrl+C 组合键复制这面墙，然后同时按 Ctrl+V 组合键粘贴得到墙的一个副本。也可以右键单击这面墙（Mac 上是 Ctrl 键+鼠标左键），在下拉菜单中选择 Edit（编辑），在弹出的二级菜单中选择 Duplicate（复制）。

此时您可能看不到复制得到的墙。到场景视图的中间或者中间偏右的位置找到 Gizmo Selector（编辑模式选择器），选择中间的 Rotator（旋转）模式。将这面墙向左或向右（使用出现的标示符中的蓝色区域）旋转 90°，这时在地图中间出现了一个大大的 X 或+号，如图 34 所示。

图 34　旋转之后的墙

如何使得新建的墙与外墙恰好吻合呢？使用之前学过的方法调整墙的长度，即使用 Geometry Edit（几何体编辑）工具进行缩放得到合适的尺寸。

图 35　调整尺寸之后的墙

现在场景中已经有 4 个完美分割好的房间让我们来创建一个很酷的项目。但是您有没有注意到哪里有些不对劲，好像忽略了很重要的东西？

由于这两面墙的缘故，这些房间之间不能穿梭。如何解决这一问题呢？下面我们将学习 Subtraction Volume（减法体）。

第 5 步　使用减法 BSP 继续创建地图

什么是 Subtraction Volume（减法体）？Subtraction Volume（减法体）和 BSP 网格配合使用，可以从场景中删除 BSP 块。例如使用 BSP 创建一面墙，墙中有一扇门。首先新建一面墙，然后使用减法 BSP 从墙中凿出一扇门。下面我们就来学习如何实现。

创建减法 BSP 的过程和上一节我们创建墙的过程没有太大区别。事实上，这两个过程几乎一样。首先创建另一个立方体。如同前面的操作，前往 Modes（模式）窗口（通常在项目主窗口的左上角），如图 36 所示。

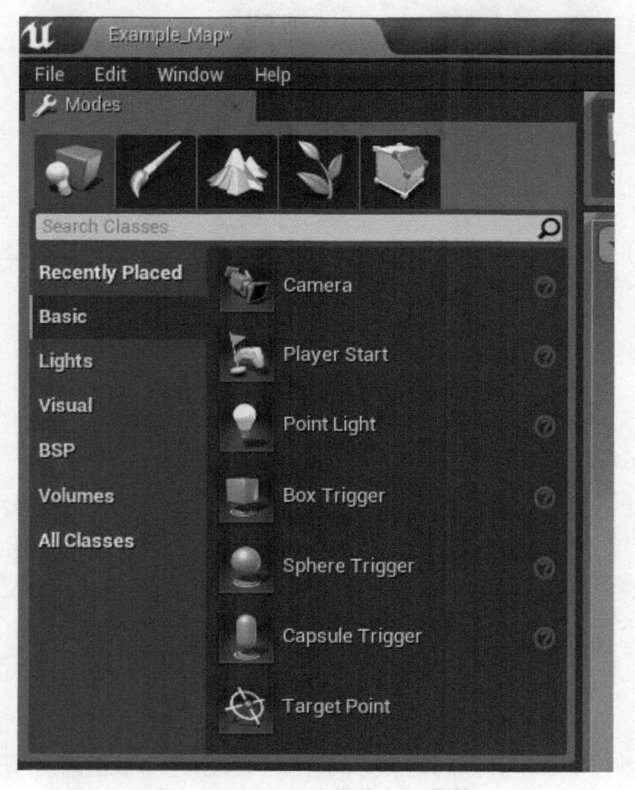

图 36　Modes（模式）工具箱

注意：该工具栏会根据您屏幕的分辨率隐藏一些选项。拖拉工具栏的底部和侧面边框来扩展它，就可以看到所有选项！

选择 BSP，如图 37 所示，单击 Box（盒子）并拖拽它到项目场景视图中。

图 37　Modes（模式）窗口中 BSP 的 Box（盒子）选项

现在场景中在您放置 BSP 的地方已经有了一个大小合适的盒子。需要注意的是，如果您的盒子有一半陷在了地板里，或者有一半嵌入了墙中，可以使用 Transform（平移）工具（由 3 个箭头组成，分别是蓝色、红色和绿色）移动盒子让它刚好坐落在地面上。如果您没有看到平移工具，在场景中直接单击盒子即可。

下面使用 Geometry Edit（几何体编辑）模式将盒子编辑成门框的形状。参考 Unreal Engine 4 提供的模板，盒子的高度是 190cm 左右。即使使用 Geometry Edit（几何体编辑）工具也很难精确地测量，所以尝试做到门的高度至少在 200cm 左右，这样游戏角色才能轻松地穿过。一个测试的好方法是单击 Alt+P 运行关卡，确认立方体与角色对齐（单击 ESC 键退出 Play-in-editor 模式）。

但是当使用 Play-in-editor 模式时，您可能会发现游戏角色在场景中地板的下面，好像跌入了深渊，或者角色和新建的立方体不在同一个区域（因为此刻的地图被分成了 4 个区域）。

为解决这一问题，前往 Scene Outliner（场景大纲视图，在 Unreal Engine 4 窗口的右上角），如图 38 所示。

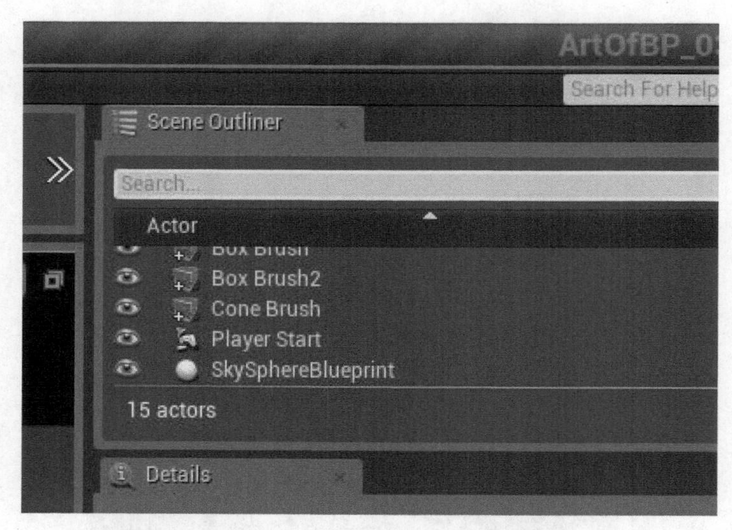

图 38　Scene Outliner（场景大纲视图）窗口

在 Scene Outliner（场景大纲视图）窗口中向下滚动找到 Player Start，单击它。现在场景视图中，游戏角色已经在被选中，您可以使用 Transform（平移）工具将其移动到新建的立方体附近。

然后将立方体编辑成门的形状，下面该把它变成减法 BSP 了。在此之前，为了进行后面的操作，我们将这扇门复制 4 次。具体方式是右键（Mac 上是 Ctrl 键+鼠标左键）单击它，在弹出的菜单中选择 Edit（编辑）>Copy（复制），如图 39 所示。这是因为减法 BSP 虽然可以复制，但是它们在场景中并不明显（只有红色的线框提示），这样很难展示我们的操作。

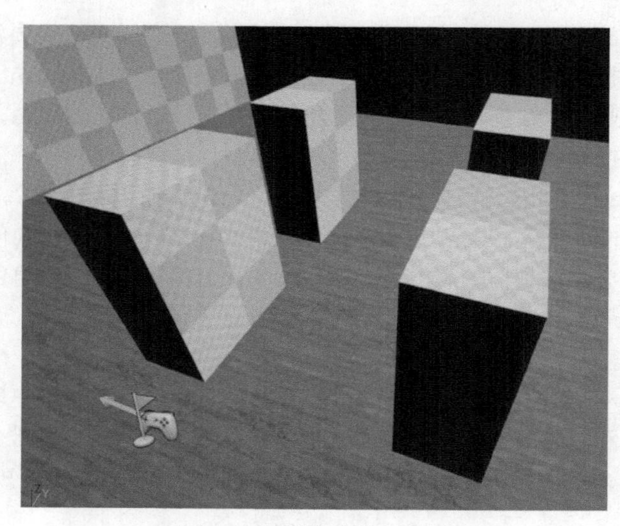

图 39　复制生成的 4 扇门

4 扇门已经创建好，下面把它们放到合适的位置。我将以其中一扇门为例示范如何操作，剩下的就很简单了。单击场景中的任意一面墙，使用平移工具移动选中的这扇门嵌入到这面墙中间，如图 40 所示。

图 40　将门嵌入到墙中

注意：为了更好地看清楚该屏幕截图，这里对门使用了草坪材质。

在移动门将其嵌入墙的过程中，您可能会发现用作门的这个立方体的厚度不及墙的厚度。为了成功地从墙中凿开一扇门，门的两个面都需要漏在墙的外面，虽然不需要很精确，但至少门的厚度要比墙的厚度大。

如何调整门的厚度呢？还记得 Modes（模式）窗口的 Geometry Edit（几何体编辑）工具吗？使用该工具调整门的两个面之间的厚度，使得门的前面和后面都漏在墙外面，如图 41 所示。

图 41　用作门的立方体的厚度

注意：地板设置为透明，为了展示墙的内部，显示门嵌入墙中，并且门的前后都漏在墙外。

将立方体编辑为门的形状，并确定好位置之后，下面就准备将立方体变成一扇门。选中该立方体，Details（细节）面板中显示其属性，如图 42 所示。Details（细节）面板的默认位置是主窗口的右边，Scene Outliner（场景大纲视图）窗口的下面。

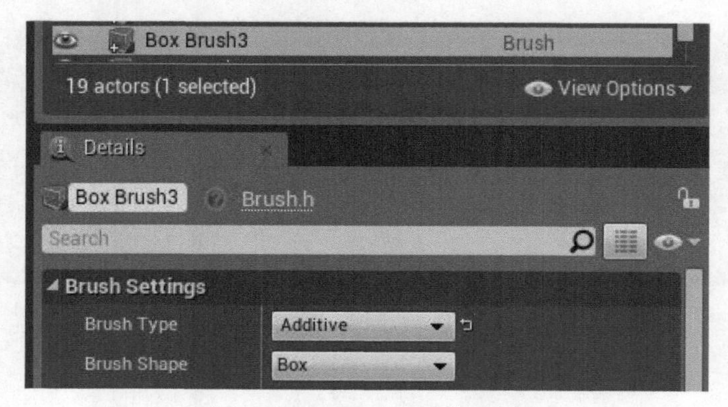

图 42　Details（细节）面板

在 Details（细节）面板的属性设置中，有一个 Brush Settings 部分位于面板上方、Search（搜索框）下面。其中第一个选项是 Brush Type（画刷类型），默认值是 Additive，意思是将 BSP 添加到场景中。我们想要的是从场景中删除 BSP，单击下拉框，在弹出的下拉菜单中选择 Subtractive。这时您会看到，之前我们创建的 BSP 不可见了。与添加 BSP 不同，Subtractive 是指从场景中减去 BSP，即删除墙里面的几何体，如图 43 所示。

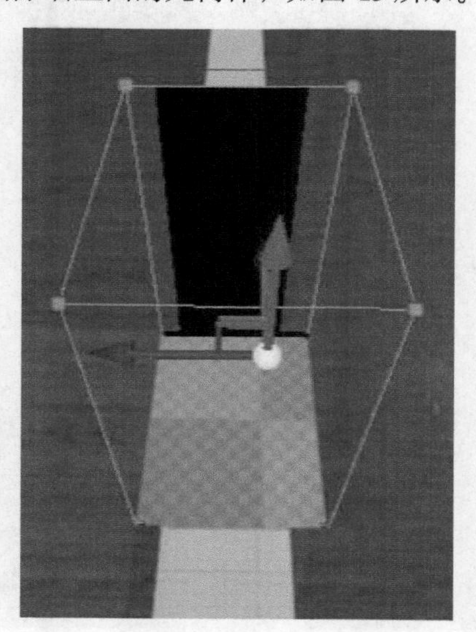

图 43　Subtractive 属性的 BSP

注意：“减法” BSP 只对 BSP 有效，不适用于静态网格！

此刻您会发现地板被减去的门吞噬了一部分，我们将在设置好所有门之后解决这个问题。下面对现在的关卡进行一个快速的测试（Alt 键+P 键测试，ESC 键退出），以保证游戏角色能够穿过这扇门，如图 44 所示。

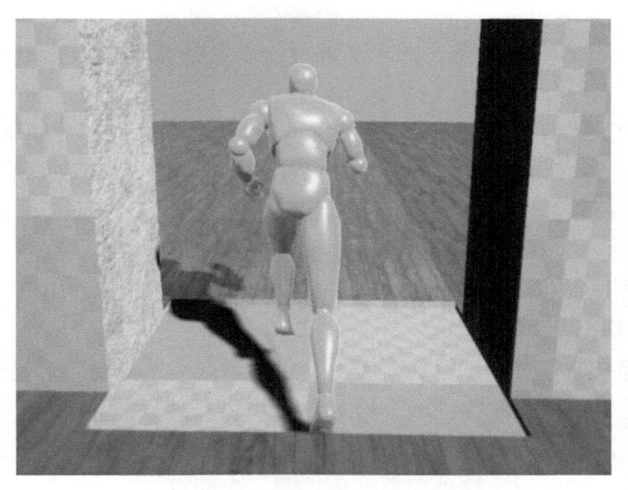

图 44　关卡测试

下面对余下的这 3 扇门进行同样的设置操作。为了让角色能够在地图中自由地穿行，为游戏场地中的每一面内墙上都凿出一扇门，如图 45 所示。创建好之后进行测试，让游戏角色从一个房间开始，穿过所有房间，最后回到起始房间。一旦完成上述操作，就可以继续下面的内容了。

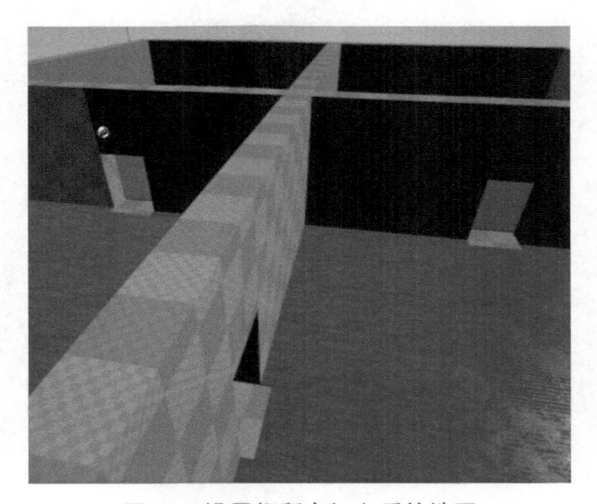

图 45　设置好所有门之后的地图

第 6 步　修补地板

现在我们需要快速地修补地板。首先来解释一下为什么地板上会出现这个洞，应该如何修补。

地板是一个 BSP。正如我们之前所介绍的，一个 BSP 的任何部分如果被设置为减法 BSP，那么它将从场景中删除。有时候，您不想使用减法 BSP 删除所有 BSP。例如，带有楼梯的地板上有一个洞，您只希望删除地板上的洞，不想删除上面的楼梯。

解决这一问题比您想象的要容易得多。如果不想删除某个 BSP，那么只需要复制它。复制一个 BSP 然后删除原来的那个 BSP 是在告诉减法 BSP："我想让这个 BSP 存在于场景中，不要删除该 BSP 的任何部分。"

这样的操作看起来非常奇怪，但是事实上，在创建游戏场景时，这是非常有效的方法。它提供了一个额外的工具来增加深度细节，同时在起草关卡时节省了时间。但是在使用该方法时请注意一点，创建完减法 BSP 之后再复制物体，如果在减法 BSP 设置好之前复制物体，那么该物体仍然会被删除。如果发生这种现象，再复制一次即可。

下面，让我们来修补地板。选中地板，同时按 Ctrl+X 组合键（剪切），再同时按 Ctrl+V 组合键（粘贴），来解决地板被删除这个问题，结果如图 46 所示。

图 46　修补好的地板

上述操作比较省时，因为我们不需要先复制，再找到并删除原来的 BSP。

第 7 步　构建光照

现在是讨论构建光照的时候了。不熟悉 Unreal Engine（或者游戏开发本身）的读者可能对此感到困惑。但是不用担心，虽然光照对于项目的视觉效果起着至关重要的作用，但是构建光照本身并不困难。

首先介绍什么是构建光照？

Unreal Engine 的光照有几种不同的实现方式。Lightmap（光照贴图）是由静态光照烘焙出来的。模拟场景的真实光照渲染并输出到 Lightmap 上，在渲染时直接使用，这样就使物体有了光照的感觉。这种做法节省资源，但是物体在移动时不会产生阴影或其他光照效果（如移动的光等）。

动态光照与静态光照正好相反，它耗费资源（没有像静态光照一样使用 Lightmap），但是物体移动时有阴影，并且支持光源移动、改变光的颜色等。在我们的示例地图中，已经设置了这种光照。这里使用的是平行光，像太阳一样照亮整个场景，并且一个 Lightmass Importance Volume（灯光重要度体积 ）环绕在场景周围。

Lightmass Importance Volume（灯光重要度体积）是用来告诉 Unreal Engine，静态光照下地图上哪里需要画上阴影。如果您不设置一个 Lightmass Importance Volume，那么引擎会为游戏的所有场景计算 Lightmap，即使有些部分没有几何体。为什么这样不好呢？因为计算不必要的 Lightmap 既浪费时间也浪费空间。这就是我们使用 Lightmass Importance Volume 机制的原因。

为了节省生成文件的空间，我们所需要做的仅仅是保证 LIV（Lightmass Importance Volume）环绕您所希望玩家活动的场地。意思是在这个 LIV 场地，静态光照是高质量，不要浪费不必要的空间。LIV 之外的场地不需要高质量的阴影，不要让玩家在 Lightmass Importance Volume 范围之外活动。

我们的项目已经有了一个 Lightmass Importance Volume，并且设置好了平行光照。然而，由于我们把原来的地图弄乱了，添加和删除了一些几何体，所以您会看到我们所设置的阴影已经过时了。您还会看到创建门之后，地板上光照也不一致了。

下面来解决这一问题。请前往主窗口的上方 Action（工具栏），如图 47 所示。这里有一些行为选项，例如 Save（保存）、Content（内容）、Marketplace（市场）、Settings（设置）等。

图 47　Action（工具栏）窗口

在 Action（工具栏）中有一个 Build（版本）按钮，位于 Matinee 按钮（图标是场记板）的右边，Play（播放）按钮（图标是 windows 窗口前面一个播放图标）的左边。Build（版本）按钮的图标是 4 个建筑物，其中一个建筑物是深蓝色。单击该按钮，系统将会自动构建现有的光照以及一些其他设置，之后我们会讨论到这一步。

单击该按钮右侧的下拉箭头，弹出一个下拉菜单，可以构建具体的场景元素，例如灯光、智能导航等。还可以改变设置，例如设置光照的质量等。

小窍门：在项目发布之前，Lighting Quality（光照质量）选择 Preview（预览）。这种方式在构建光照时可以节省时间，并且 Preview lighting（预览光照）和 Production lighting（制作光照）在效果上没有太大差异。再告诉大家一个事实，在开发阶段使用 Preview lighting（预览光照）是在保证效果的前提下最快的方法。

如果我们仅仅构建光照，那么我们所需要做的只是单击 Build（版本）按钮，或者在下拉菜单中选择 Build Lighting Only（仅构建光照）。这时，您的项目就会自动构建光照。屏幕的右下角显示光照构建的进度。当您看到 Lighting Build Complete（光照构建已完成），如图 48 所示，说明光照已经构建完成。

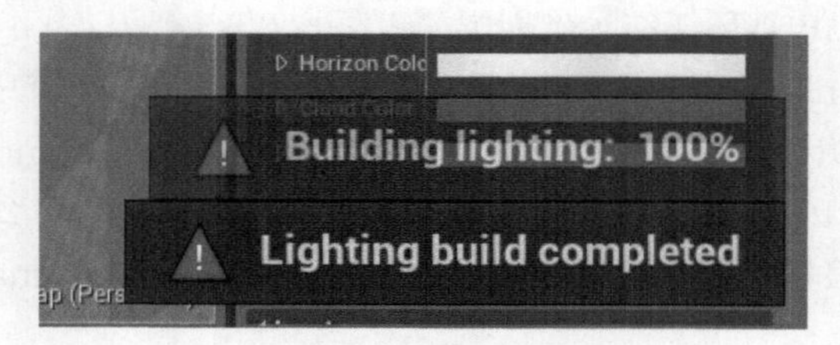

图 48　光照构建进度提示

看看现在的阴影是多么丰富，如图 49 所示。仔细检查这些阴影是否是正确且带有真实感的。如果您对阴影的效果不满意，那么可以在 Build（版本）按钮的下拉菜单中随便修改设置直到您满意为止。

回顾一下我们已经完成的内容：根据需求编辑地图、学习 BSP 的基本知识和接触光照的基本知识。但是我们的冒险游戏才刚刚开始，下面我们学习创建摄像机系统。

图 49　构建光照后的阴影效果

第 8 步　创建摄像机

在接下来的任务中，为了保证叙述的清晰，我们仅仅使用地图的一部分。除非我额外强调，否则我们的工作区就是地图右下角的方形房间，如图 50 所示。

图 50　任务的工作区

如果 PlayerStart 当前不在这个房间，那么将其拖进房间，方便下面的操作。

下面我们新建一个 Blueprint（蓝图），它是一个可以重复摆放多次的摄像机。无论玩家在地图上的哪个位置，摄像机都会跟随他。想象一下 Telltale 点击冒险类游戏或者生化危机游戏中的摄像机。

如图 51 所示，使用简笔画的形式来快速示意。当玩家在房间的左手边时，摄像机面向左侧；当玩家在房间的右手边时，摄像机面向右侧。想象 CCTV 正在拍摄一个演员，演员扮演的是糖果店里的一个失足青年。

下面重新回到 Unreal Engine 4，创建摄像机。前往编辑器左下方的 Content Browser（内容浏览器），如图 52 所示。

在这里可以访问到项目的所有文件。直接拖拽就可以将物体放置到场景中，物体可以是 Materials（材质）、Blueprints（蓝图）等。在 Content Browser（内容浏览器）中可以导入、编辑和导出文件，这是一个重要功能。

图 51　摄像机设置示意图

图 52　Content Browser（内容浏览器）

下面创建一个蓝图。首先，新建一个文件夹来存储我们的蓝图，以确保 Game 文件夹是高亮显示的，这样新建的文件夹就在 Game 文件夹下，方便查找。单击 Game 文件夹，它被黄色高亮显示，说明被选中，如图 53 所示。

单击 Content Browser（内容浏览器）上方的 Create（创建）按钮，弹出一个下拉菜单，选择 Create Folder（新建文件夹），在 Game 文件夹中出现了一个新文件夹，如图 54 所示。

图 53　Game 文件夹选中状态

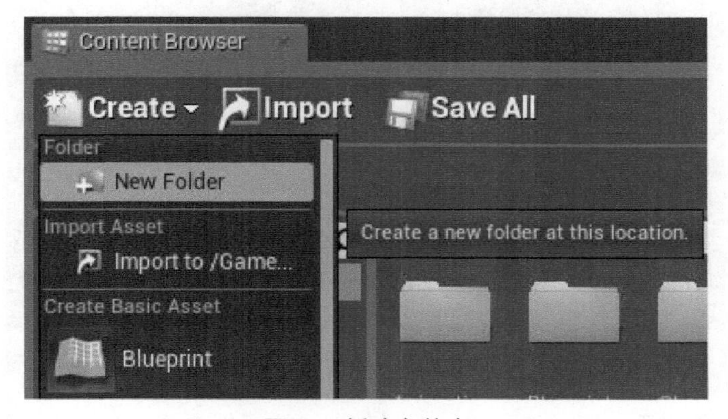

图 54　新建文件夹

文件夹刚刚新建时处于选中状态，如图 55 所示。此时可以编辑文件夹的名字，这里命名为 ArtOfBP。

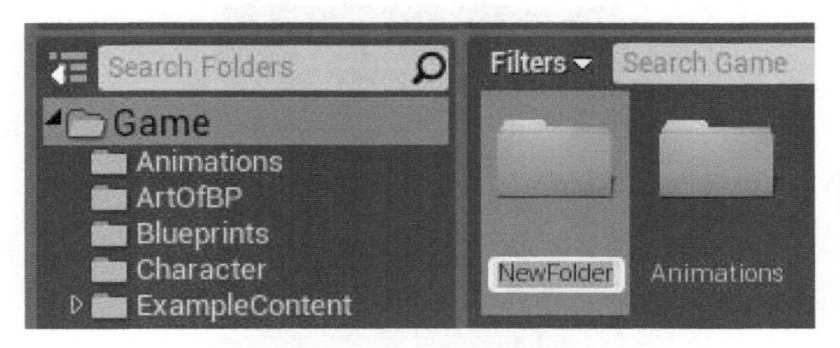

图 55　处于选中状态的文件夹

注意： 如果不小心点击了文件夹，文件夹的名字不再处于编辑状态了。右键（Mac 上是 Ctrl 键+鼠标左键）单击文件夹，在弹出菜单中选择 Rename（重命名）即可。或者选中该文件夹，然后单击 F2 键。

双击打开该文件夹，如图 56 所示。

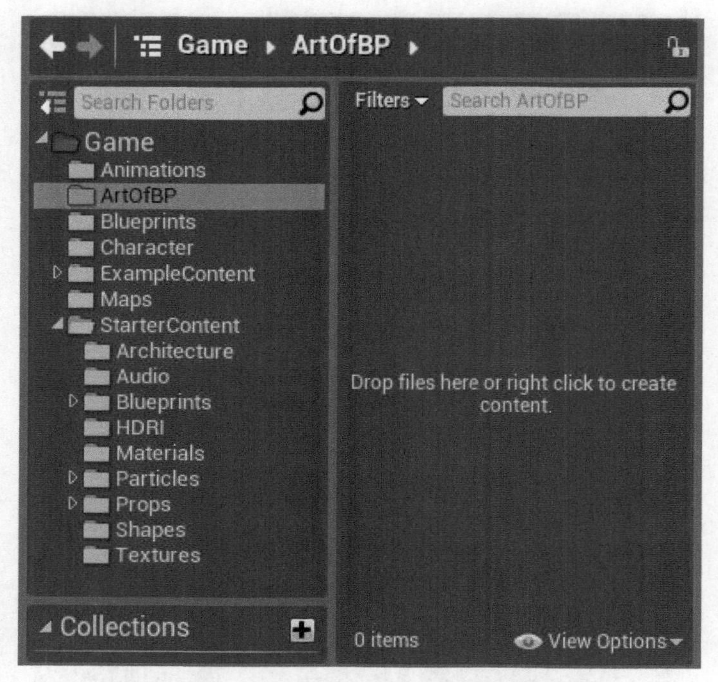

图 56　打开新建文件夹 ArtOfBP

因为当前在文件夹下，所以使用 Create（创建）按钮创建蓝图时，新建的蓝图将位于该文件夹下，节省了文件夹之间移动的时间。单击 Create（创建）按钮选择 Blueprint（蓝图），如图 57 所示。

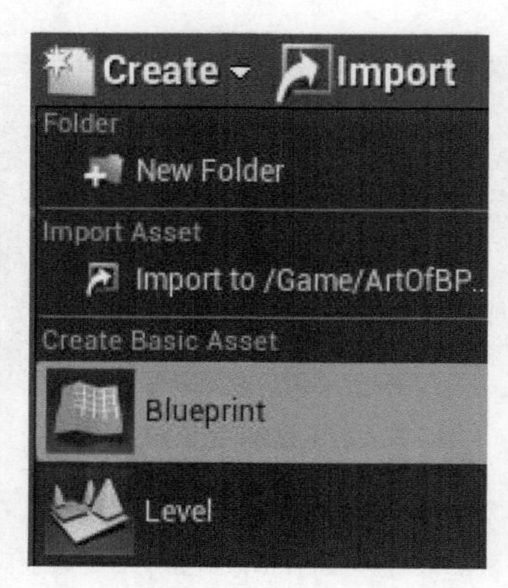

图 57　新建 Blueprint（蓝图）

这时弹出一个 Pick Parent Class（选择父类）窗口，如图 58 所示，选择新建蓝图的父类。

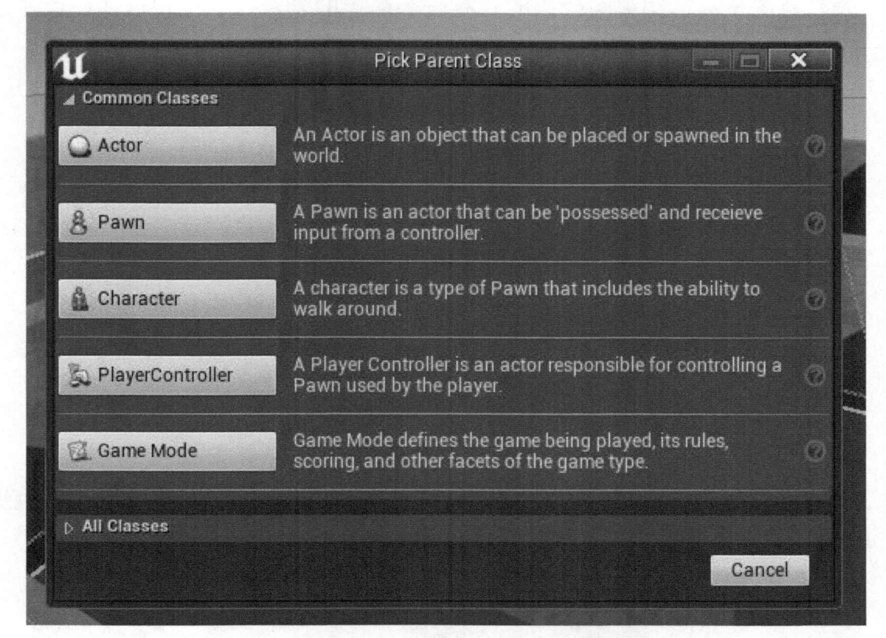

图 58　Pick Parent Class（选择父类）窗口

乍一看这个窗口，您可能会有点困惑，下面简单解释一下：如果您选择一个苹果作为父类，那么创建蓝图时会自带一颗苹果核；如果您选择一个橘子，那么苹果核会换成橘子的种子。这种创建方式简单易于操作，与某些时候要花费一整天时间从头创建相比，选择一种风格作为父类来创建蓝图将大大节省时间。

每一个父类都有简单扼要的描述，说明该父类是什么，可以实现什么功能。所以花一两分钟阅读一下描述内容，在您之后的项目中会有很大帮助。

在我们的项目中，需要 Actor 类的蓝图。这是因为 Actor 是一个可以在游戏世界中独立生存的对象，场景中的每一个对象（这里不包括 BSP）都被称为 Actor（而不是 objects）。选择 Actor 按钮创建蓝图。将该蓝图命名为 BP_Camera，如图 59 所示，表示一个摄像机的蓝图，方便将来查找。这仅仅是我个人项目的命名方式。

当我创建材质时，以“M_”为前缀命名，Animation Blueprints 以“AnimBP_”为前缀。当我需要查找它们，但是又记不清它们的名字时，只要我记得文件类型，就可以使用 Content Browser（内容浏览器）的内置搜索功能很容易找到它们。

已经创建好蓝图，下面按照我们需要的功能编辑它。

双击 BP_Camera 打开蓝图编辑器，界面默认处于 Component（组件）视图。蓝图编辑器分为 3 部分：Defaults（默认值）、Component（组件）和 Graph（图表）。Defaults（默认值）视图是用来设置蓝图的默认选项的；Component（组件）视图是在蓝图中设置对象的；Graph（图表）视图是为蓝图编写代码的。有一个简单的方法可以记住这些，就是 Settings（设置）——Objects（对象）——Code（代码）。

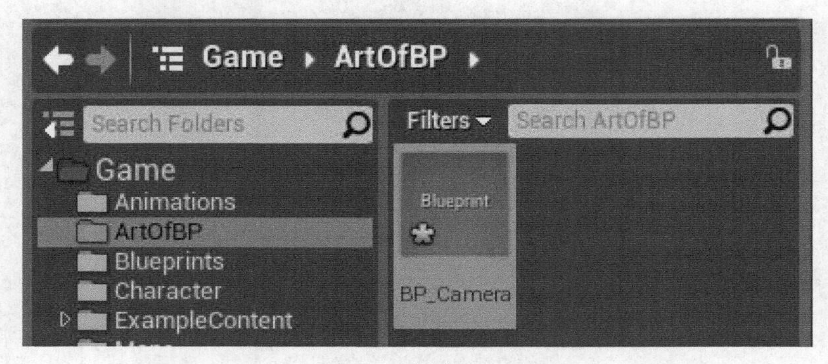

图 59　创建蓝图

确保当前处于 Component（组件）视图。为了找到当前处于哪种视图，查看蓝图编辑器窗口的右上方。有一些导航按钮，其中橘黄色高亮显示的就是当前被激活的按钮，如图 60 所示。

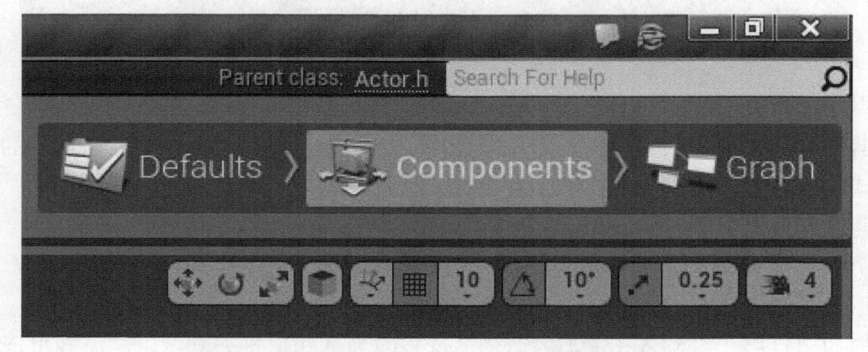

图 60　蓝图 Components（组件）视图

在屏幕的左边，有一个类似 Content Browser（内容浏览器）的窗口，叫做 Components（组件），是用来为蓝图添加组件和对组件排序的。

现在，有一个 Root 组件叫做[ROOT] DefaultSceneRoot。什么意思呢？Root 组件是所有组件的 HomeBase（根容器）。打个比方，扔一个拴着绳子的球，HomeBase 就是抛出去的那只手。但是为什么要把球拴在绳子上呢？因为这个绳子将会告诉我们球在哪里（这时球已经飞出了我们的视线），以及球如何再回到手中（如果您想再抛一次球的话）。

现在我要抛一个曲线球：只要我们添加一个组件，DefaultSceneRoot 就会被重写，“绳子”就丢失了。您一定会问：为什么在删除 DefaultSceneRoot 时没有提示我？很简单，即使丢失了 DefaultSceneRoot，我们也可以手动将其添加回来，所以可以选择是否需要“绳子”。

您知道系统为什么是这样设置的吗？乍一看似乎很复杂，但当你将其分解，它又非常简单。当没有组件的时候，蓝图系统给我们一个 Root 组件，这样在不需要组件的情景中，我们可以编写其他任何代码。然而，当您创建一个蓝图，在该蓝图下您需要组件时，蓝图系统会删除这个 Root 组件，然后让您选择是否需要“绳子”。

回到我们的项目中，前往 Component（组件）视图，单击 Add Component（添加组件）按钮。在弹出的下拉菜单中搜索 Scene，选择插入一个 Scene 组件，如图 61 所示。Scene 组件就好比绳子。

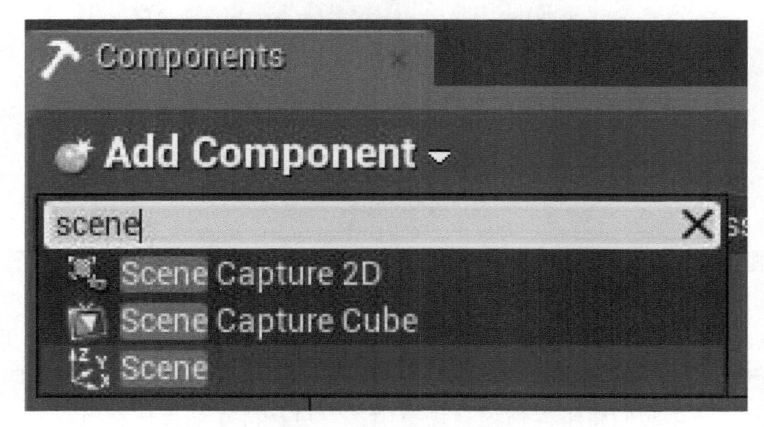

图 61　添加 Scene 组件

可以选择为它重命名或者使用默认值。当您看到[ROOT] Scene1（或者您的命名），表示 Scene 组件已经创建成功，下面我们继续添加 Camera（摄像机）。

如何添加 Camera 组件呢？与添加 Scene 组件一样，单击 Add Component（添加组件）按钮，选择 Camera，如图 62 所示。

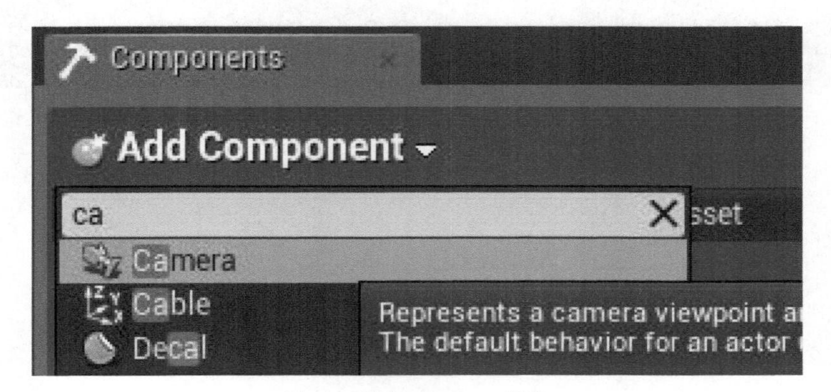

图 62　添加 Camera 组件

同样，您可以选择为它重命名或者使用默认值。此刻，您的 Components（组件）窗口如图 63 所示。

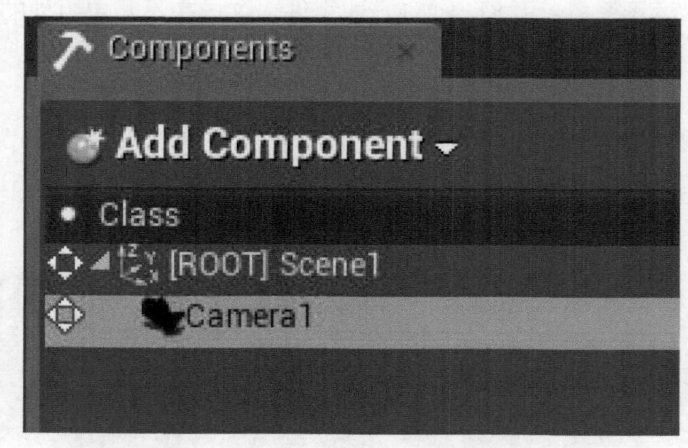

图 63 Components（组件）窗口

什么意思呢？Root scene 是 Home Base（根容器），Camera 是根的“孩子”。孩子最终要离开家。正如我们之前讨论的，Root 是绳子，Camera 是球。无论 ROOT Scene 在游戏世界的哪里，Camera 会一直与 Root 保持同样的距离，Scene 总是知道 Camera 在哪里，反之亦然。

现在，在我们蓝图中已经有了组件，下一步就是为蓝图编写代码，告诉蓝图要做什么。在没编写代码之前，如果我们将组件拖拽到场景中，它只会待在那里什么也不做。

到屏幕的右上方，使用导航按钮前往 Graph（图表）视图，如图 64 所示。

图 64 蓝图的导航按钮

第 9 步　第一行代码

当前我们位于 Graph（图表）视图，是时候进行一些有趣的操作了。

重要提示：本书从现在起，当我告诉您要创建一个节点时，默认是使用 Compact Blueprint Library(CBL) 来搜索和创建（除非额外说明）。右键（Mac 上是 Ctrl 键+鼠标左键）单击蓝图 Graph（图表）视图空白处打开 CBL，在 Search（搜索）框中输入节点名称。

首先，我们需要一个 Tick 事件。什么是事件和 Tick 事件？

什么是 Event（事件）？蓝图中的事件正如字面意思所描述的，就是发生一个事件。如果蓝图中没有事件，那么任何事情都不会发生。例如，想一下宇宙大爆炸原理：一旦宇宙大爆炸事件发生，那么各式各样的 Action（动作）会因此发生。如果没有动作连接到蓝图的事件，那么就不会触发该动作，也不会执行该动作。

当创建蓝图的时候，记住在蓝图动作发生之前，要先发生事件。您可以通过如下简单的方式来区分蓝图中的 Event（事件）节点和 Action（动作）节点：事件只有输出引脚（通常在右边），用红色表示；而动作有输入引脚和输出引脚，用蓝色表示。

所以，红色 = Event（事件），蓝色 = Action（动作）。

什么是 Tick 事件？Tick 事件是指在游戏时间的每一帧都被触发的事件。游戏开发的新手可能不明白这是什么意思，特别是帧和秒的区别。但是多数人知道一帧不等于一秒，它比一秒要快。

您曾经测试过一个游戏的性能吗，或者有意购买达到一定 FPS（Frame Per Second）游戏的电脑部件？回想一下，当讨论游戏时，会经常提到过 30FPS 或 60FPS。触发 Tick 事件是一帧，所以 60FPS 是指触发连接到它的 60 个 Tick 事件。

我们已经学习了什么是 Tick 事件，现在就使用 Tick 事件控制摄像机的位置，让它对准玩家。

下面从何开始呢？蓝图的脚本从哪里开始？从事件开始！针对当前需求，我们使用刚刚学习的 Tick 事件。

在开始编写脚本之前，确认现在位于脚本界面的正确区域。在 Debug filter（调试过滤）区域可以查看所在的区域，您会看到两个选项卡：Construction Script 和 Event Graph（事件图表），如图 65 所示。

Construction Script 选项卡是编写蓝图初始化代码的地方。例如，设置蓝图的 Mesh（网格对象），告诉蓝图在特定情况下的行为，等等。

Event Graph（事件图表），如图 66 所示，是编写由事件所触发的代码的地方。这些代码既可以被当前蓝图触发，也可以被另外一个蓝图远程触发。

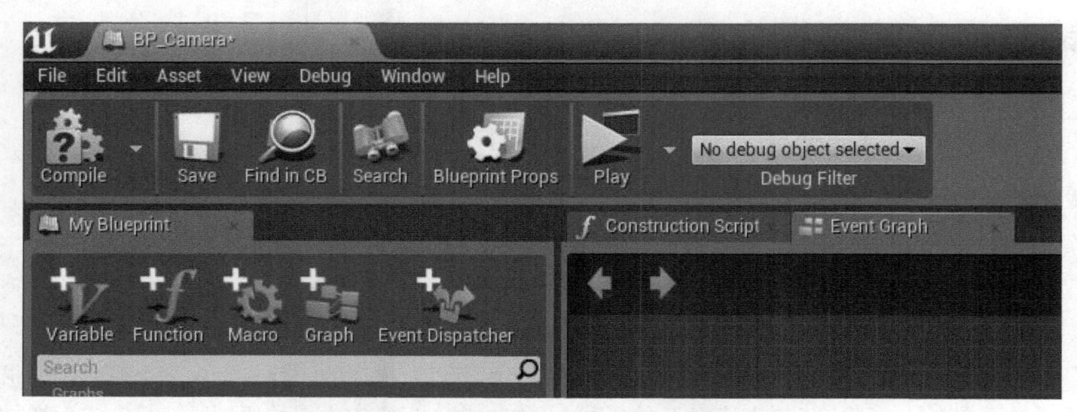

图 65　蓝图的 Graph（图表）视图

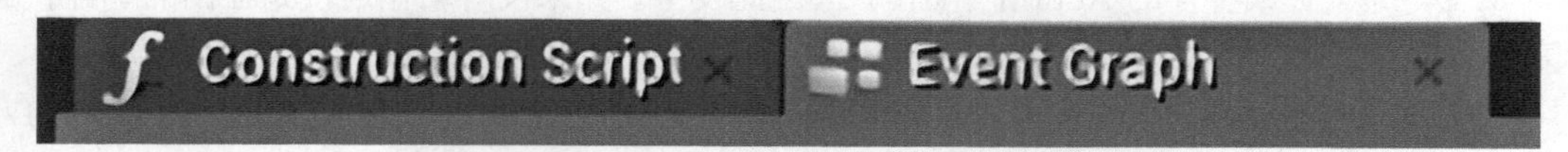

图 66　蓝图 EventGraph（事件图表）选项卡

经验表明，90%的情况下您会使用 EventGraph（事件图表）选项卡，因为 Construction Script 选项卡不能与游戏世界及其他蓝图进行交互，但是在 EventGraph（事件图表）选项卡中可以。您可以在这两个选项卡之间切换。如果选项卡的图标颜色为浅灰色，说明可以选择该选项卡。如果为深灰色，意思是该选项卡没有被激活。

正如前面所说，我们需要一个事件，因为如果没有触发事件，就不能执行任何代码。这里需要每一帧都触发一段代码，所以使用 Tick 事件。

下面在 Event Graph（事件图表）选项卡中创建 Tick 节点。右键（Mac 上是 Ctrl 键+鼠标左键）单击蓝图 Graph（图表）视图空白处，打开 CBL（Compact Blueprint Library），人工寻找或者在 Search（搜索）框中输入节点名称，如图 67 所示。

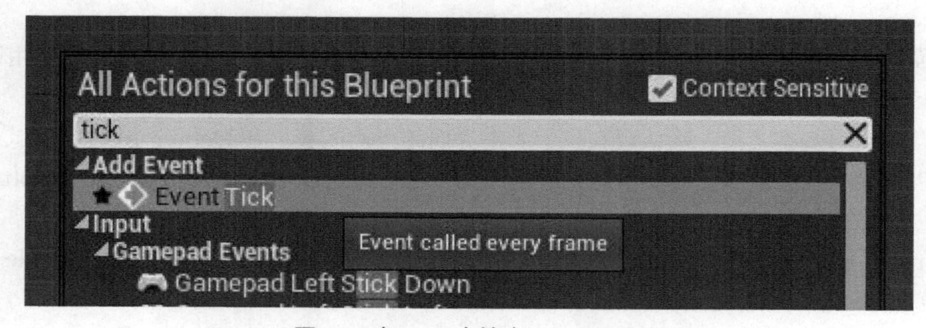

图 67　在 CBL 中搜索 Event Tick

单击 Event Tick（事件 Tick）来新建节点，如图 68 所示。

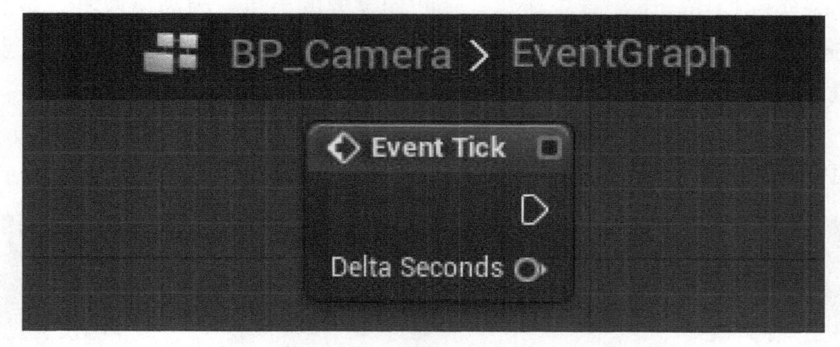

图 68　Event Tick（事件 Tick）节点

下面我们解释一下节点上所有图标的含义。

首先，您会注意到文本 Event Tick（事件 Tick）的背景是红色，意思是这是一个 Event（事件），而不是 Action（动作）。此外，文本 Event Tick（事件 Tick）左边有一个中间含有箭头的菱形图标，也是用来标识这是一个事件的。

其次，您还会观察到文本 Event Tick（事件 Tick）的右边有一个镶有亮红色边框的黑色正方形。这个图标的含义是 Output Delegate（输出委托）。我之后再解释它的意思，因为涉及很多现在还没有讲解到的知识。

在红色背景的下方有两个图标，一个指向右边的空箭头和一个指向右边的绿色空圆圈。在解释它们的含义之前，注意它们的位置。对于节点来说，输入和输出是通过它们在节点中的位置来区分的。左边的是输入，右边的是输出。这将帮助您来区分节点是事件还是动作，事件只有输出（也就是只有在右边的图标），而动作既有在左边的图标也有在右边的图标。

扼要重述一下：节点左边的图标表示输入，右边的图标表示输出。

与输出连接的是什么呢？输入。例如，将键盘的 USB 插入到电脑的 USB 接口上。把敲击键盘看作是一个事件，这个事件触发的行为通过 USB 接口输出到电脑。

上述这个例子很好地说明了蓝图的工作原理：事件>事件输出>动作输入>动作。但是这里缺少了一个重要的东西——事件>动作的关键因素，就是 execution pin（执行引脚）。Event Tick（事件 Tick）节点的红色背景下方有两个图标，其中一个是白色的空心箭头图标，就是这里所说的执行引脚。

执行引脚到底是什么呢？执行引脚就是操作的脉络，它将事件的能量传递给与它连接的节点。例如，事件节点是一个完整的电路，而动作节点是缺少了电源的电路，您可以使用事件的执行引脚输出能量给动作节点使其工作。那么如果有两个动作节点呢？没问题。虽然动作节点需要从事件节点传递的能量，但是它不需要对这个能量做任何操作，仅仅用来确认“我收到信号了，现在可以运行了”。所以如果让两个动作节点同时工作，就将一个事件节点通过执行引脚连接到其中一个动作节点，再将另外一个动作节点连接到这个动作节点的输出，它们将同时使用事件节点的能量（因为没有能量丢失）。

下面我们来实际操作一下。首先新建一个我们需要的节点。因为摄像机总是面向玩家，所以新建节点 Set World Rotation。将这个节点与一个 Event Tick（事件 Tick）节点连接，用来改变每一帧摄像机的角度。

新建 Set World Rotation 节点。如果您使用的是 4.6 或以上版本的 Unreal，将会在 CBL 中看到“Set World Rotation (Camera1)”（或者是您的摄像机名称），如图 69 所示。

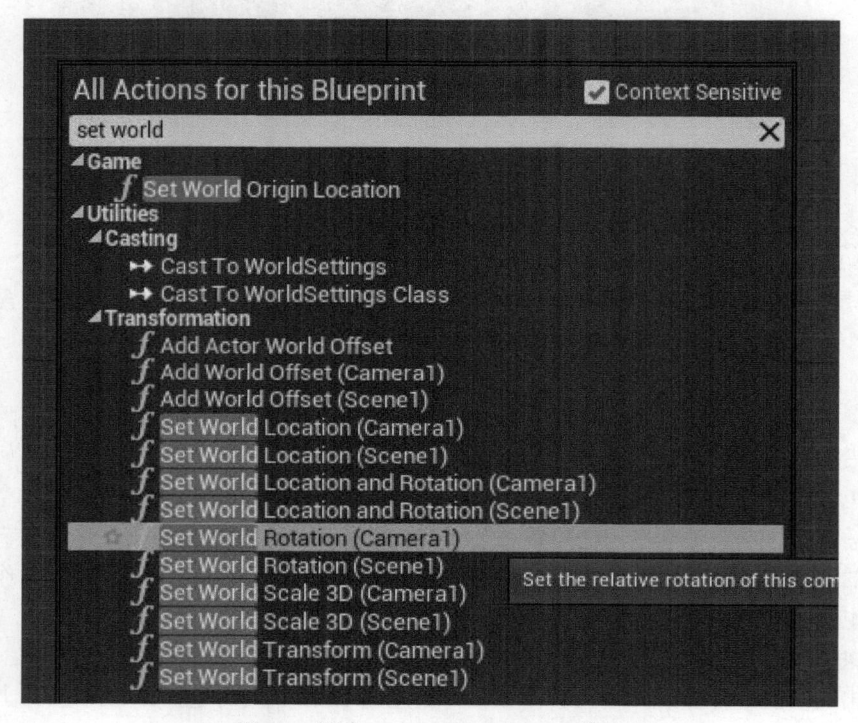

图 69　新建 Set World Rotation 节点

注意： 如果您使用的是低于版本 4.6 的 Unreal Engine，您看到的是 Set World Rotation，需要手动设置 Camera1，通过将 Camera1（在蓝图视图左边的变量库中）拖拽到新建节点的 Target（对象）引脚上。在一些更老的版本中，需要您将 Camera1 从变量库中拖入，然后从 Target（对象）引脚向外拖拽，再输入 Set World Rotation。

如果使用的是 4.6 或以上版本，直接右键（Mac 上是 Ctrl 键+鼠标左键）单击打开 Compact Blueprint Library，搜索 Set World Rotation，然后选择 Set World Rotation (Camera1)。

新建的 Set World Rotation 节点如图 70 所示。

正如之前所说，动作是与事件相连的。具体操作是将 Event Tick（事件 Tick）节点的输出执行引脚与 Set World Rotation (Camera1)的输入执行引脚相连，如图 71 所示。当空心的执行引脚被白色填充，同时两个引脚之间有一条线相连时，说明已经建立了连接关系。

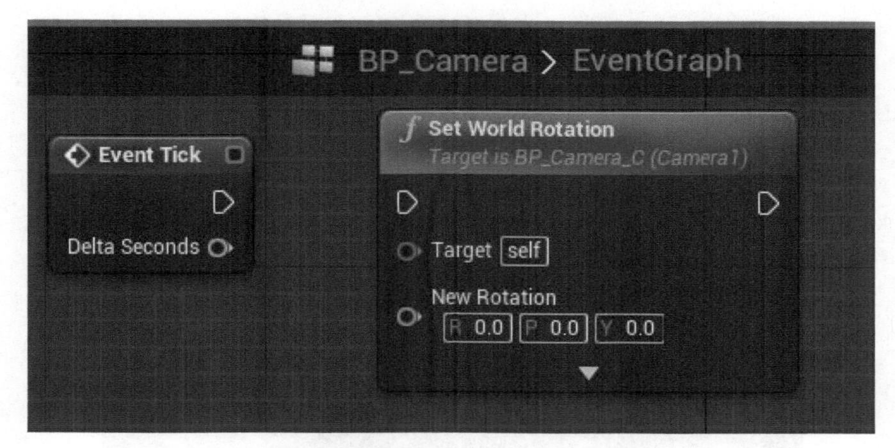

图 70　创建的 Set World Rotation 节点

图 71　事件节点与动作节点连接

下面我们将设置每一帧摄像机的 World Rotation（旋转角度）。仔细观察刚刚创建的节点，发现我们需要计算出摄像机的角度（当前是 Roll = 0，Pos = 0，Yaw = 0），以便摄像机跟着玩家旋转。

下面用代码来实现摄像机跟随玩家。当前我们要创建的对象没有执行引脚，这和我们之前讲解的内容完全不同，这是因为我们将要创建的不是动作节点。创建完后面的代码，我们再回来解释它是怎么工作的。

下面将要编写的这段代码连接到 Set World Rotation (Camera1)的 New Rotation。注意要保证蓝图有足够大的空间，否则因为蓝图中有许多线交叉连接，很快会使代码变得杂乱难读。

在编写蓝图代码之前，前往左边的变量库，在 Components（组件）下面找到 Camera1

（或者是您的摄像机名字），如图 72 所示。

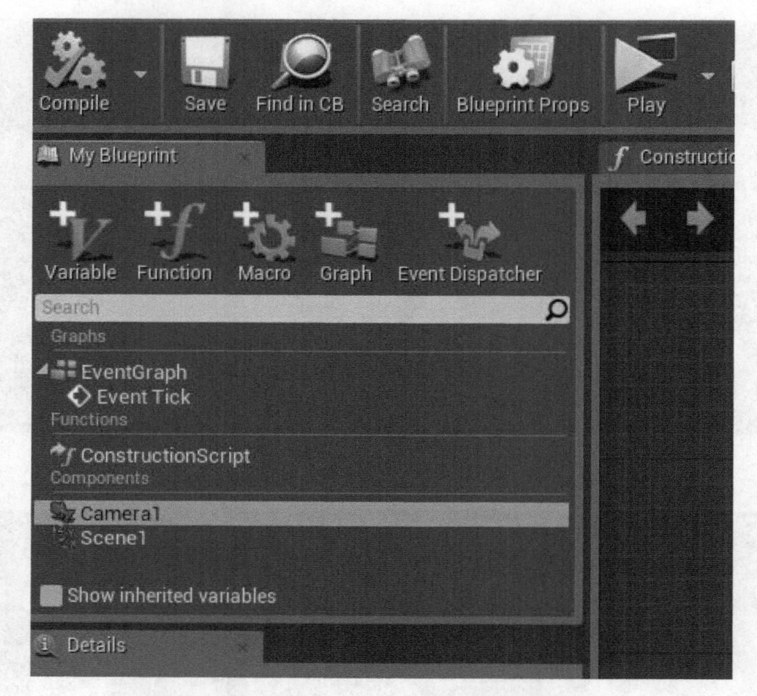

图 72　My Blueprint（我的蓝图）面板

单击文本 Camera1，将这个变量拖入到蓝图中。此时将弹出一个小菜单，询问是 Get（获得）还是 Set（设置），如图 73 所示。意思是获得变量，还是设置变量。在当前情况下，它是一个新的摄像机 Actor，所以选择 Get（获得）。

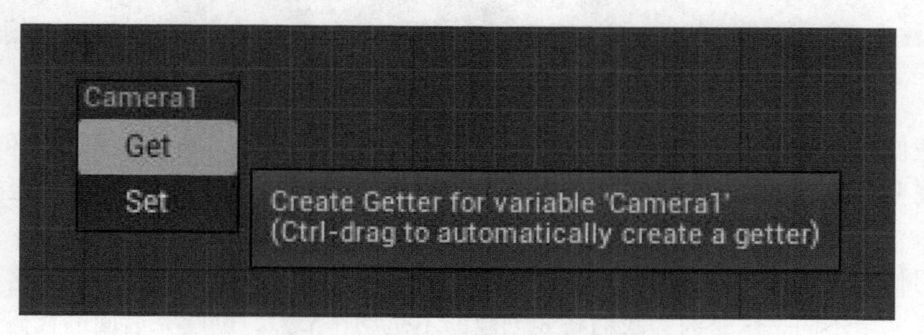

图 73　向蓝图中拖入变量时弹出的菜单

选择 Get（获得）之后，蓝图中将出现一个蓝色底的圆角矩形，并且带有一个蓝色的输出引脚，如图 74 所示。如果您看到的不一样，说明您在从变量库中拖入 Camera 1 变量时，选择的不是 Get（获得），应返回重新操作。

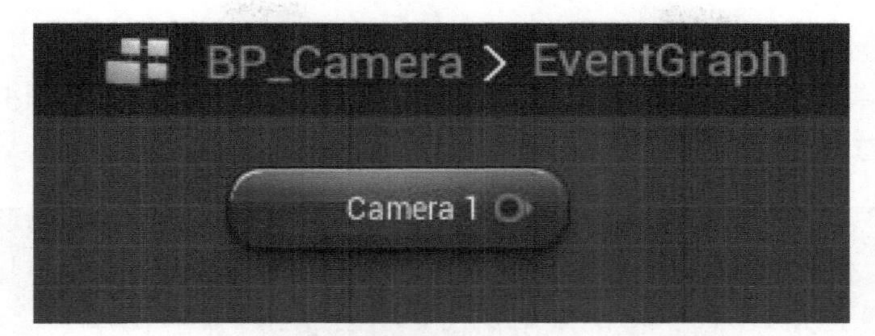

图 74　Get（获得）状态的 Camera 1 变量

单击 Camera 1 节点上的蓝色输出引脚，向右拖拽，这时将打开 Compact Blueprint Library。由于我们需要摄像机的旋转角度，所以输入 Get World Rotation，如图 75 所示。

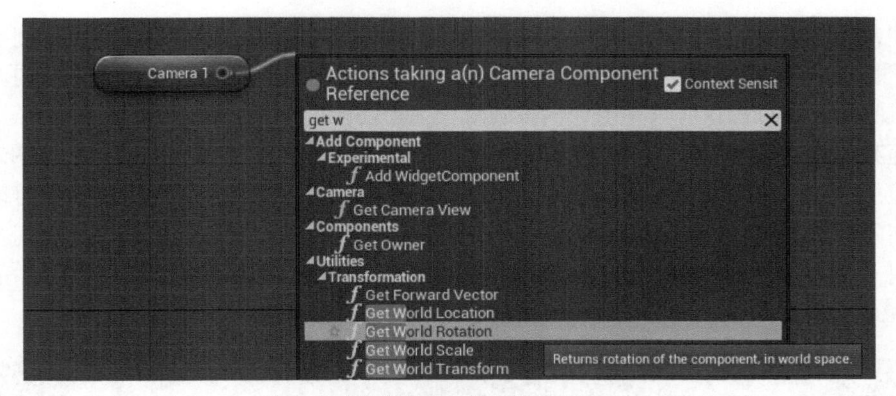

图 75　拖拽 Cameara 1 节点上的蓝色输出引脚时打开的 Compact Blueprint Library

找到 Get World Rotation 节点之后，单击新建节点，如图 76 所示。当前这个节点应该已经与 Camera1 建立了连接，如果没有，要先建立连接。

图 76　创建 Get World Rotation 节点

我们得到了游戏世界中摄像机的旋转信息，例如它是绕 X 轴旋转 45°，绕 Y 轴旋转 51°，可以用 Rot(X) = 45，Rot(Y) = 51 来表示。但是在我们的例子中只需要知道旋转后 X 轴的方向，就可以轻松跟踪摄像机当前的朝向。

使用 CBL 新建一个 Get Rotation XVector 节点，将其连接到 Get World Rotation 节点的输出引脚，如图 77 所示。

图 77　新建 Get Rotation XVector 节点，并与 Get World Rotation 节点相连

现在，我们获得了摄像机 X 轴的朝向信息。从技术角度来讲，因为还没有连接到事件的主要链条上，所以此刻还不能工作，但是理论上，一旦与事件的主要链条连接上，我们就可以获得摄像机的信息。目前这些只是摄像机跟随玩家这个功能的部分代码。

下面我们将目前收集到的信息（摄像机的 X 向量值）连接起来，让摄像机跟着移动。但是我们希望摄像机的移动轨迹平滑一些，使用 VInterp To 节点实现这一功能。该节点可以创建两个值之间的平滑过渡。

使用 Compact Blueprint Library 新建 VInterp To 节点（注意不是 VInterp To Constant），将其 Current 引脚与 Get Rotation XVector 节点的输出引脚相连，如图 78 所示。

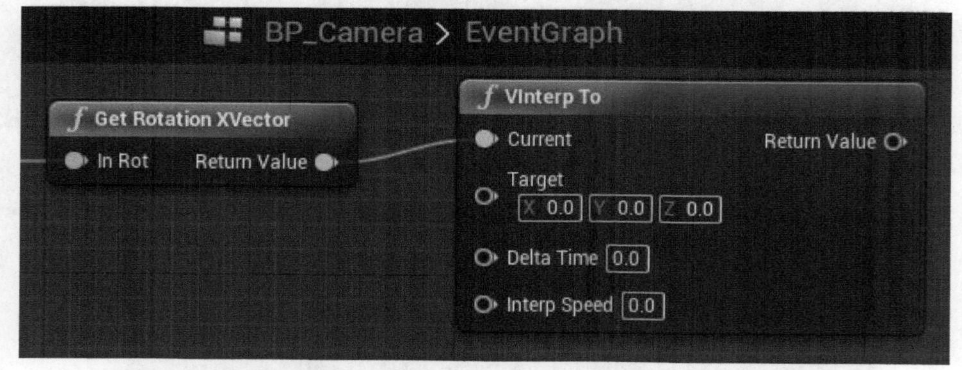

图 78　新建 VInterp To 节点，并与 Get Rotation XVector 节点连接

VInterp To 节点有 3 个输入，需要设置好这 3 个值才算完成了这个节点的创建。我们一会儿再讨论 Target 输入，先关注 Delta Time 和 Interp Speed 这两个输入。设置 Interp Speed 为 0.01，意思是每隔 0.01 的 Delta Time（我们一会解释它的意思）就更新当前的 Rotation（旋转）值，并将其赋值给 Target。设置 VInterp To 节点的 Interp Speed 值为 0.01，如图 79 所示。

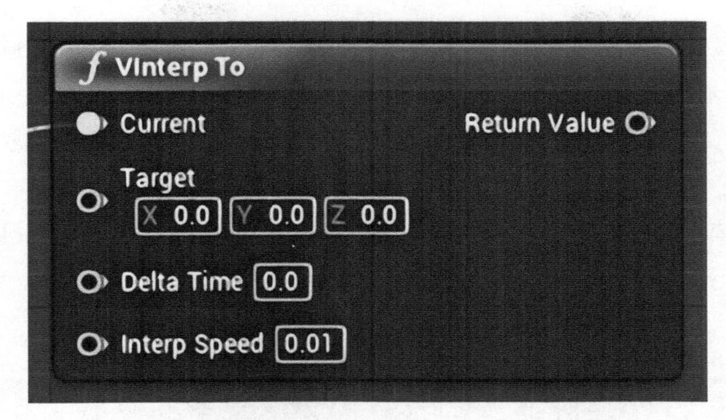

图 79　设置 VInterp To 节点的 Interp Speed 值为 0.01

有两种方式设置 Delta Time 值，我们先解释一下什么是 Delta Time。

Delta Time 是从上一个 Tick（或者上一帧）到此刻所经历的时间。还记得我们之前见过 Delta Time 吗？它曾在 Event Tick 节点中出现。

有两种方式连接到 Event Tick 节点的 Delta Time，单击 Event Tick 节点的 Delta Time 输出，拖拽到 Vinterp To 节点的 Delta Time 输入，如图 80 所示。

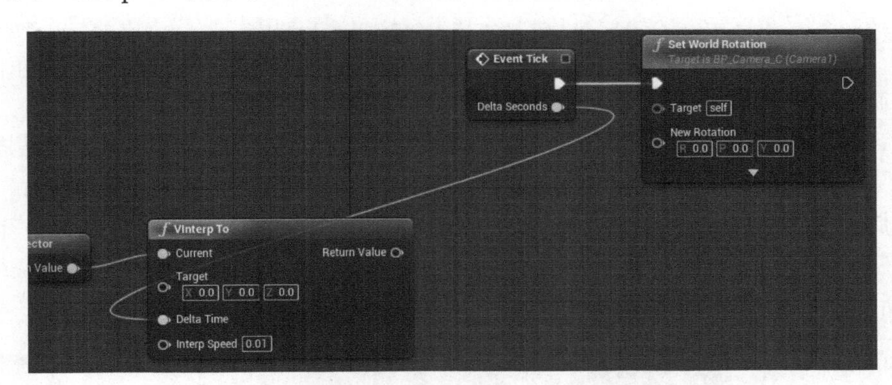

图 80　设置 VInterp To 节点的 DeltaTime 值

从图 80 可以看出，构建的蓝图特别凌乱。虽然现在还不是问题，但是当我们创建更复杂的蓝图时，就很难分辨出这些节点之间的连接关系了。

所以，我们将 Delta Time 存储为一个变量，这不仅能使蓝图更清晰，还可以随时使用 Delta Time。我知道有些读者可能会说这样意义不大，但是实际上将 Delta Time 转变为一个变量有很多好处：

1．保持蓝图代码清晰、可读性强；

2．有助于多次使用 Delta Time 值；

3．有助于将一些蓝图节点拆封成单独的图（之后会讲解到）；

4．清晰整齐的蓝图意味着清晰的思路。

如果两个 Delta Time 已经连接，那么断开连接。具体操作是 Alt 键+鼠标左键单击连接的任意一端引脚，下面采用更恰当的操作方式。

感谢版本 4.6 的改进，现在有一种特别简单的方式将 Delta Time 转变为变量，之后就可以随时使用 Delta Time 了。

在 4.6 或以上版本，右键（Mac 上是 Ctrl 键+鼠标左键）单击 Event Tick 节点的 Delta Time 的输出引脚，选择 Promote to Variable（提升为变量），新建一个 Set New Var（设置 New Var）节点，如图 81 所示。同时在界面左边的变量库中也新建了一个 NewVar 变量。

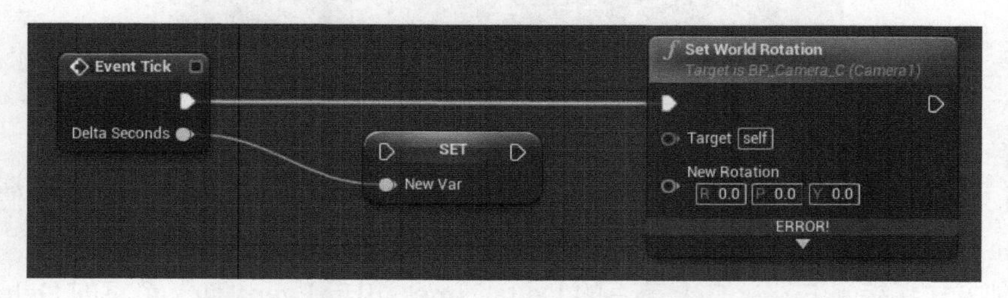

图 81　新建 Set New Var（设置 New Var）节点

需要注意几点。首先，您会看到 Set World Rotation 节点中出现“ERROR!”。别担心，这不是错误。只需要单击蓝图视图中工具栏左上方的 Compile（编译）按钮（图标是两个齿轮上面有一个画有问号的矩形框），重新编译一下，这个问题就解决了。

其次，Set New Var（设置 New Var）节点没有与事件的主要链条（或者说是蓝图的能量线）相连。Alt 键+鼠标左键单击 Event Tick 的输出执行引脚或者 Set World Rotation 节点的输入执行引脚，断开连接，然后将 Event Tick 的输出与 Set New Var（设置 New Var）节点的输入相连，Set New Var（设置 New Var）节点的输出与 Set World Rotation 节点的输入相连，如图 82 所示。

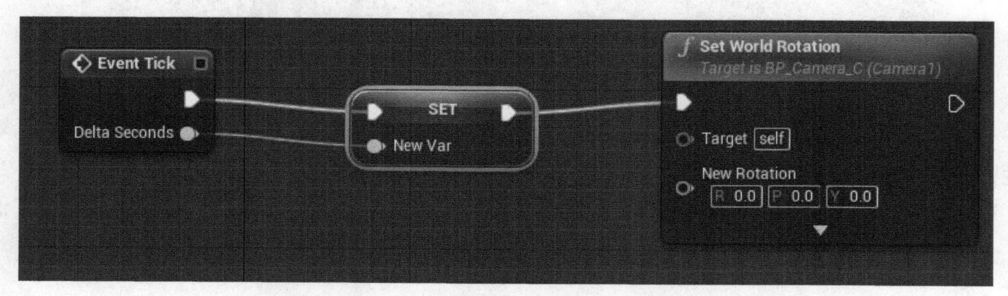

图 82　设置 Set New Var（设置 New Var）节点与 Event Tick 节点和 Set World Rotation 节点的连接方式

Delta Seconds 是基于时间的变量，这一步操作是保证对于每一帧，我们在进行任何操作之前都先设置 Delta Seconds，这对于后面获取 Delta Seconds 值至关重要。

最后一个问题是变量的命名。因为很容易忘记 New Var 表示什么，所以将其命名，以方便记忆。前往蓝图视图左边的变量库，单击新建的 New Var 变量，在 Details（细节）面板中出现该变量的各种选项。其中第一个选项是 Variable Name（变量名称），当前默认值是 New Var。将 New Var 重命名为 DT_DeltaTime，如图 83 所示。单击键盘上的 Enter（回车）键，编译蓝图（单击工具栏左上方图标为贴有问号矩形框的两个齿轮的按钮）。编译完成后，单击编译按钮右边的 Save（保存）按钮，保存上述操作。

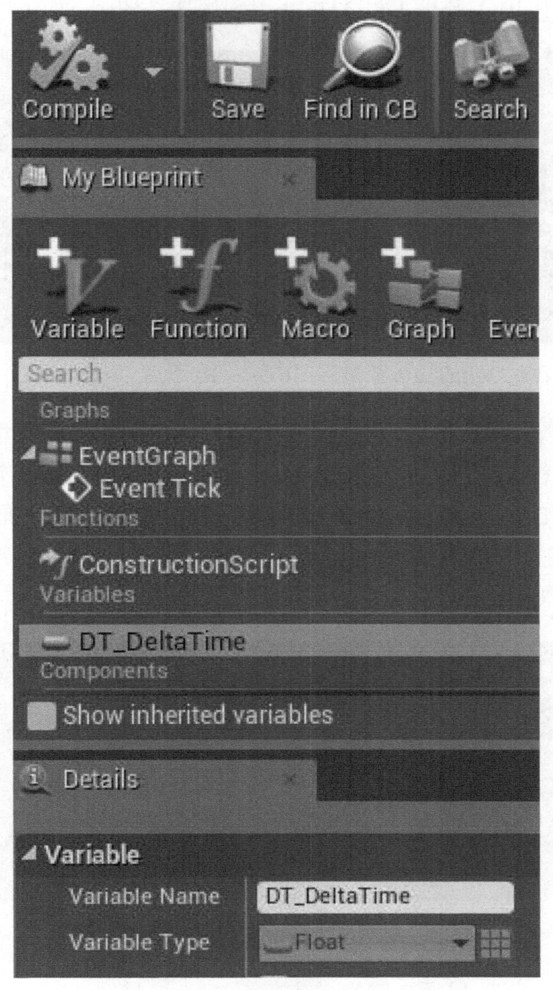

图 83　命名变量

如果您使用的是 Unreal Engine 4 的旧版本（低于 4.6），就不能直接对 Event Tick 节点的 Delta Time 使用 Promote to Variable（提升为变量）。而是要在变量库中手动创建变量，设置其为浮点数（稍后解释原因），将其拖拽到蓝图中并选择 Set（设置）。设置好之后，重复之前的步骤连接到执行主链上。在版本 4.6 之前，您还需要进行一步操作：从 Event Tick 节点的 Delta Time 引脚拖出，连接到 Set New Var / DT_DeltaTime 节点的输入引脚。但是如果使用的是版本 4.6 或以上，使用 Promote to Variable（提升为变量）可以跳过这一步。

现在已经有了 DT_DeltaTime 变量，将变量库中的 DT_DeltaTime 变量拖到 VInterp To 节点 DeltaTime 引脚的上面，或者将 DT_DeltaTime 变量拖到蓝图区域，选择 Get（获得）选项，然后将其与 VInterp To 节点的 DeltaTime 引脚相连，如图 84 所示。

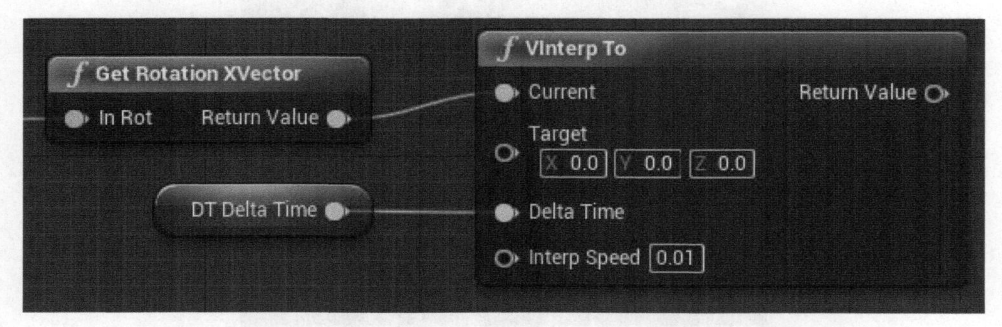

图 84　DT_DeltaTime 变量与 VInterp To 节点 DeltaTime 引脚相连

现在，我们来处理 VInterp To 节点的 Target 输入。Target 的作用很明显，是输入 Current 的变换目标。举例来解释：如果 Current 是 1，Target 是 5，VInterp 节点利用 Delta Time 和 Interp Speed 生成 1 到 5 的序列。因为每一秒触发一次，所以可以保证平滑过渡，避免抖动。

新建用于 Target 输入引脚的节点，将变量库中的变量 Camera 1（或者是您摄像机的名称）拖入到蓝图区域，选择 Get（获得）选项，如图 85 所示。

图 85　变量 Camera 1 拖入到蓝图区域

右键（Mac 上是 Ctrl 键+鼠标左键）单击打开 CBL，输入 Get Player，选择 Get Player Character，如图 86 所示。

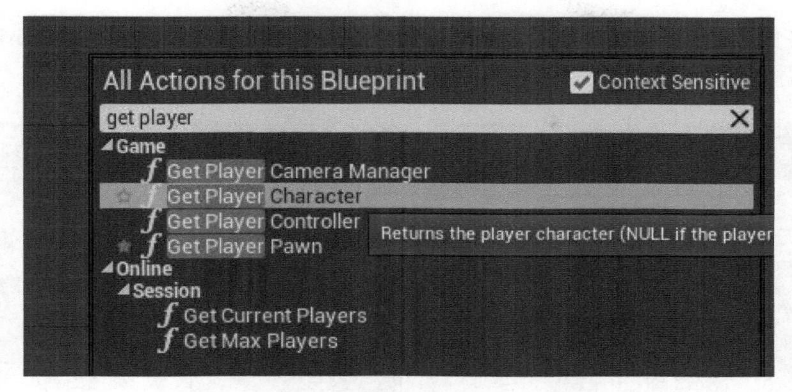

图 86　在 CBL 中搜索 Get Player Character

现在得到了一个可以调用游戏当前玩家的节点和对应的 Player Blueprint（玩家蓝图，稍后将详细解释），如图 87 所示。

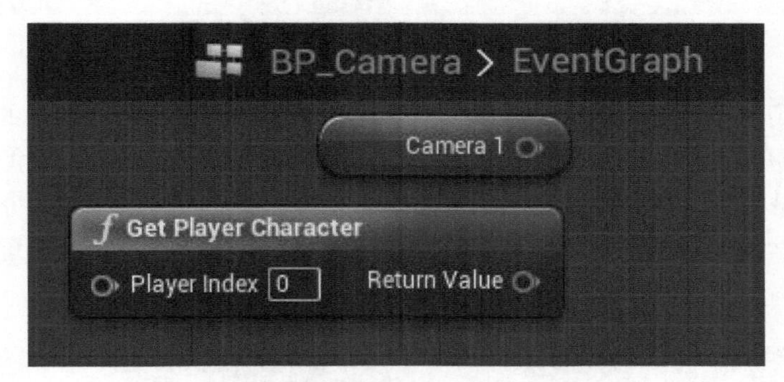

图 87　创建的 Get Player Character 节点

下面需要得到它们在游戏世界中的位置。打开 CBL，输入 Get Actor 搜索得到 Get Actor Location 节点。将该节点的输入与 Get Player Character 节点的 Return Value 引脚相连，如图 88 所示。

图 88　创建的 Get Actor Location 节点

单击刚才创建的 Camera 1 节点的输出引脚，向右拖拽打开 Compact Blueprint Library，输入 Get World 搜索，选择 Get World Location，如图 89 所示。

图 89　创建的 Get World Location 节点

现在已经得到了摄像机和玩家在游戏世界中的位置信息（因为我们使用的是 Tick 事件，所以每一帧都会更新这些信息）。下面让这两个位置相减。为什么呢？因为我们不希望摄像机紧跟着玩家，而是两者之间保持一定的距离，摄像机和玩家之间的距离向量将提供平滑的显示效果，在玩家突然做一个动作（如跳高或者快速转身）时，摄像机不会跟着玩家快速移动。

打开 CBL，输入 Vector，选择 Vector – Vector，如图 90 所示。

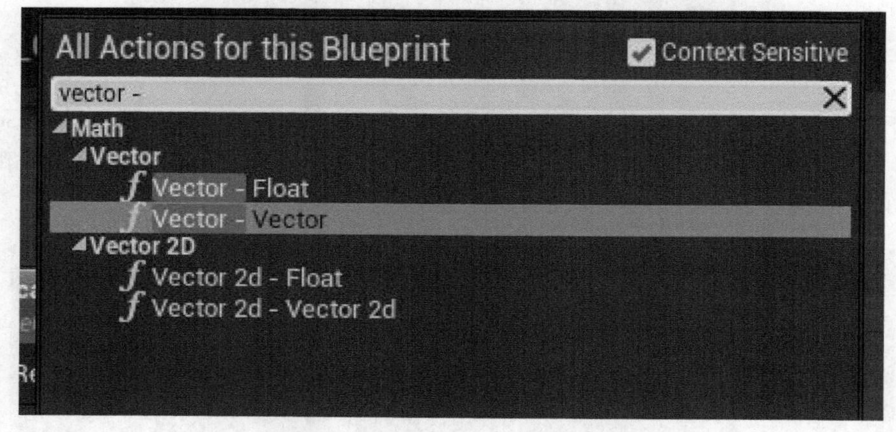

图 90　新建 Vector – Vector 节点

Vector – Vector 节点有两个输入和一个输出，将 Get Actor Location 的输出与 Vector – Vector 节点中的一个输入相连，Get World Location 的输出与另外一个输入相连，如图 91 所示。

图 91　设置 Vector – Vector 节点的输入

将 Vector – Vector 节点的输出连接到 VInterp To 节点的 Target 输入，如图 92 所示。

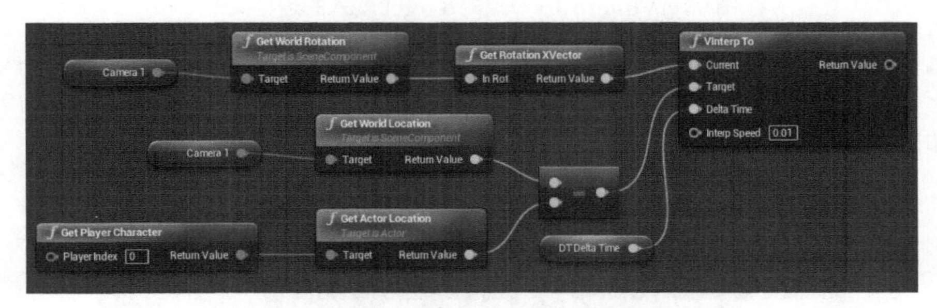

图 92　设置 Vector – Vector 节点的输出

现在，已经得到了摄像机的旋转信息，并且通过玩家和摄像机之间的平滑变换对其赋值。

下面将之前计算的旋转进行分解，得到其中的 pitch 和 yaw 值（上下及四周旋转分量），并加以截断限制，防止旋转的角度过大。对这些值进行截断限制之后，重新计算得到一个旋转值，作为之前创建的 Set World Rotation 节点的输入。

我发现刚才的操作中有一个错误。如果不纠正这个错误，摄像机将背离玩家，而不是面向玩家。请您花一点儿时间仔细查看代码，尝试找到错误的位置。

现在我们在它成为一个真正的问题之前，快速找到并解决它。先来思考一个数学问题，有两个数 100 和 51，让它们做减法。可以 100 – 51 = 49 或者 51–100 = –49。由于这两个数的先后位置不同，结果截然不同。

现在，回到获取 Camera（摄像机）位置和 Player Controller（玩家控制器）位置这部分代码。这两个值相减之后的结果是 VInterp To 节点的 Target 输入，如图 93 所示。

您的摄像机的 Get World Location 是与 Vector – Vector 节点的第一个输入引脚相连吗？如果是，说明您准确无误地跟着本书的讲解步骤，但是这里仍包含一个错误！很庆幸在它成为一个真正问题之前，我把它指出来了。这是一个很好的机会，让大家看到这个步骤是多么容易混淆，容易发生错误。

假如我们得到的摄像机的值是 *X*=51、*Y*=11 和 *Z*=22，减去玩家的坐标值。因为玩家距离更远一些，所以它的坐标值往往比摄像机的坐标值大，例如 *X*=151、*Y*=211、*Z*=512。如果这两者做减法，将得到一个负值。这意味着什么呢？这导致的效果是摄像机将远离玩家，而不是面朝向他。

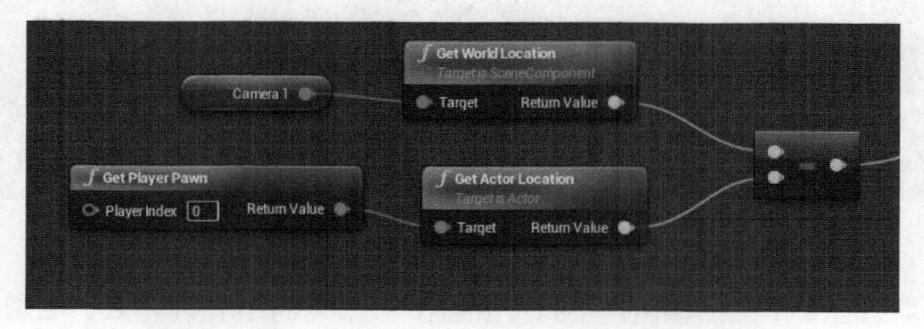

图 93　VInterp To 节点的 Target 输入的连接关系

那么如何解决这个问题呢？很简单！将玩家的 Get Actor Location 节点与 Vector – Vector 节点的上方输入相连，摄像机的 Get World Location 节点与 Vector – Vector 节点的下方输入相连，如图 94 所示。

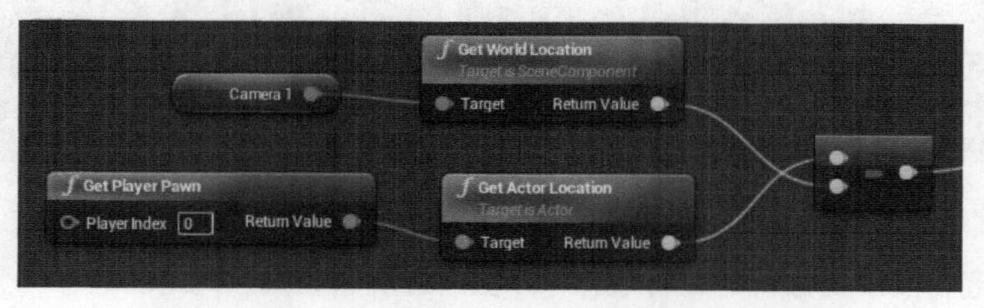

图 94　VInterp To 节点的 Target 输入的连接关系

解决了这个问题为我们后面节省了大量的时间，不用为出现类似于“为什么运行不对”这样的错误而烦恼了。

总之，解决完这个问题，我们继续编写代码。现在需要使用 VInterp To 节点的输出重新设置旋转。右键（Mac 上是 Ctrl 键+鼠标左键）单击打开 CBL，输入 Make Rot，选择 Make Rot from X，如图 95 所示。

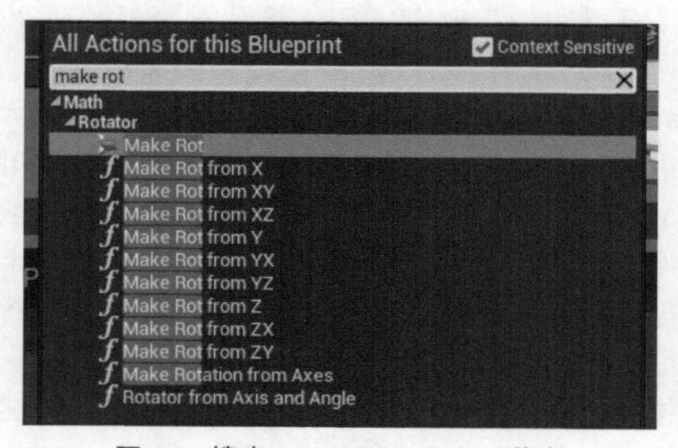

图 95　搜索 Make Rot from X 节点

将新建的 Make Rot from X 节点的 X 输入与 VInterp To 节点的输出相连，如图 96 所示。

图 96　Make Rot from X 节点与 VInterp To 节点的连接关系

现在，我们已经得到了旋转信息，它由 X 轴转向信息计算而得。下面将对旋转进行分解，对其中的 pitch 和 yaw 分量进行限制。为什么呢？我们之前提到过，这么做是为了确保摄像机在一定的范围内旋转从而不会失去控制。

图 97 是一幅草图，来解释它是什么意思：假设最外围的矩形框是地图区域，底部中间的矩形是摄像机，顶部中间的黑点是玩家，中间的锥形区域是我们希望摄像机关注的区域，而两边的锥形区域是不希望摄像机拍摄的地方。

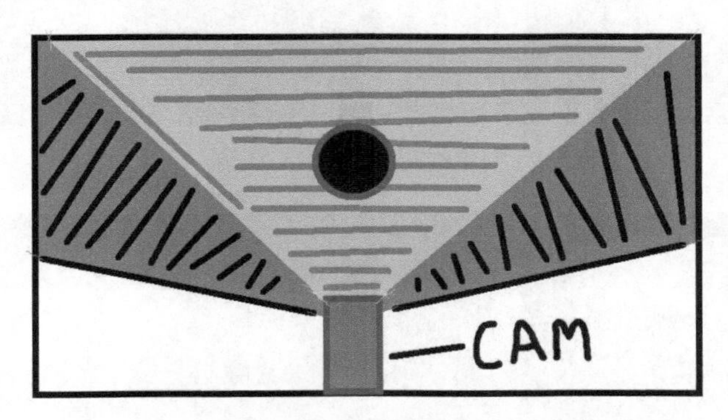

图 97　摄像机位置示意图

现在摄像机已经被准确控制了。等到最后完成这个项目，效果就会清晰地呈现出来。

现在需要分解前面获得的旋转。前往 Compact Blueprint Library 新建 Break Rot（而不是 Break Rot into axes）节点，将其与 Make Rot from X 节点的输出相连，如图 98 所示。

新建两个 Clamp Angle 节点，在搜索框中输入 Clamp Angle 得到常用的 Clamps（不是 Clamp [Float]），如图 99 所示。

将 Break Rot 节点的 Pitch 输出与上面的 Clamp Angle 节点的 Angle Degrees 输入相连，将 Break Rot 节点的 Yaw 输出连接到下面的 Clamp Angle 节点的 Angle Degrees 输入，如图 100 所示。

图 98　创建的 Break Rot 节点

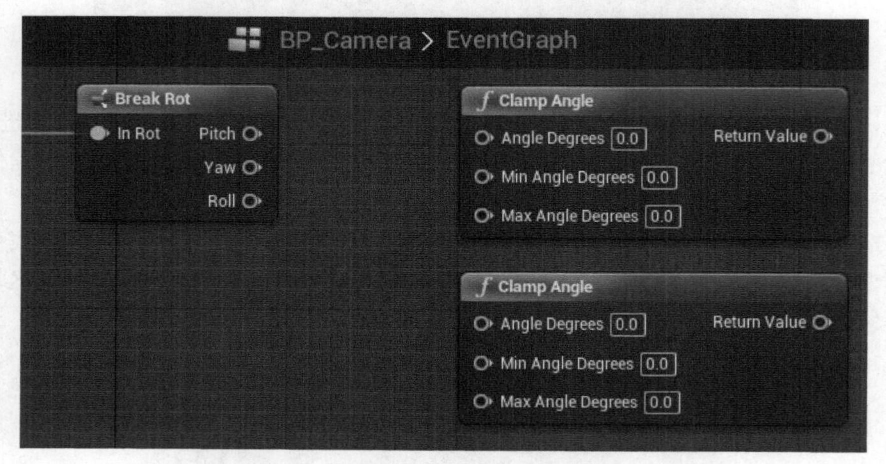

图 99　创建的两个 Clamp Angle 节点

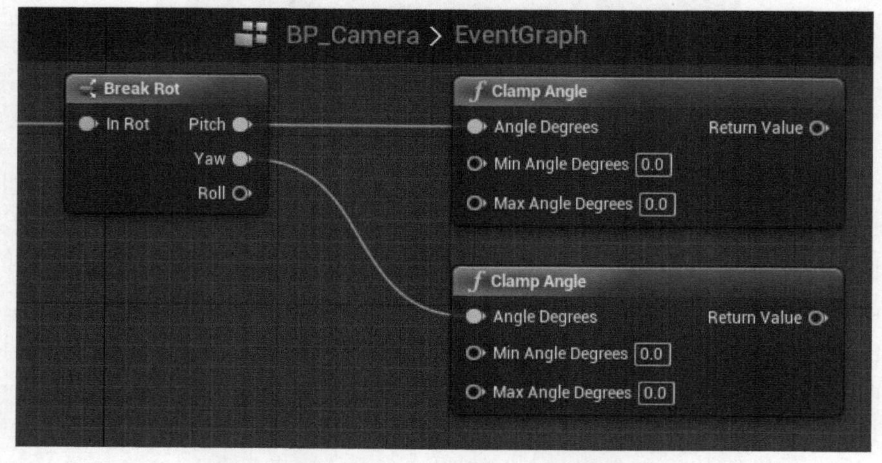

图 100　两个 Clamp Angle 节点的连接方式

为了计算这两个 Clamp angle 的 Min / Max Angle Degrees 值，需要做一点点数学运算。

别担心，我们不需要计算出结果，仅仅列出等式即可。我们将在等式中使用 Pitch 和 Yaw 这两个值和一个常数 80。为什么选择 80 呢？意思是摄像机在面向玩家时，限制摄像机的角度在–80°到+80°之间，也就是我们希望摄像机关注的 160°区域（这样设置是为了不让其关注整个屏幕，同时避免玩家突然运动时，摄像机找不到他）。

有两种方式将常数 80 加入到我们的蓝图中。一种是使用 Make Literal Float 节点，另一种方式是在变量库中新建一个 Variable（变量，Float 类型，即浮点类型的变量），设置其 Default Value（默认值）为 80。注意新建变量之后，Compile（编译）并 Save（保存）之后就可以设置变量的 Default Value（默认值）了。

根据您的个人喜好选择一种方式。我在这里新建 Make Literal Float 节点，并设置它的值为 80。然后将 Variable（变量）或者 Make Literal Float 节点复制 4 次，如图 101 所示。

图 101　新建 4 个 Make Literal Float 节点

新建两个 Float – Float 节点和两个 Float + Float 节点。将这 4 个节点与 Make Literal Float 节点（或者您的变量节点）相连，注意是将 Make Literal Float 节点（或者您的变量节点）连接到 Plus / Minus（–/+）节点的第二个输入。

下面将第一个和第三个 Make Literal Float 节点（或者您的变量节点）连接到两个 Float – Float 节点的第二个输入，如图 102 所示。

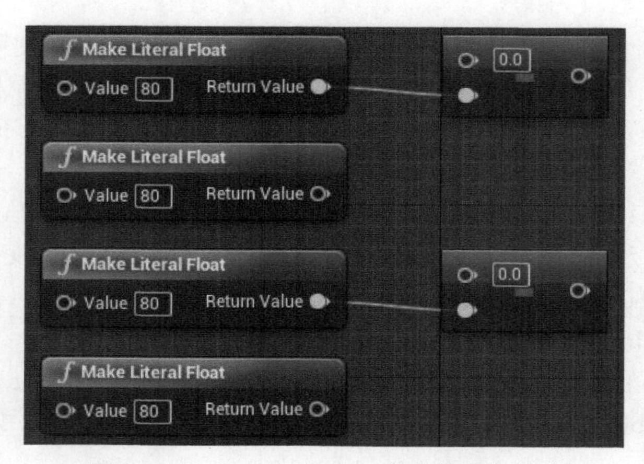

图 102　两个 Float – Float 节点的连接方式

将第二个和第四个 Make Literal Float 节点（或者您的变量节点）连接到两个 Float+ Float 节点的第二个输入，如图 103 所示。

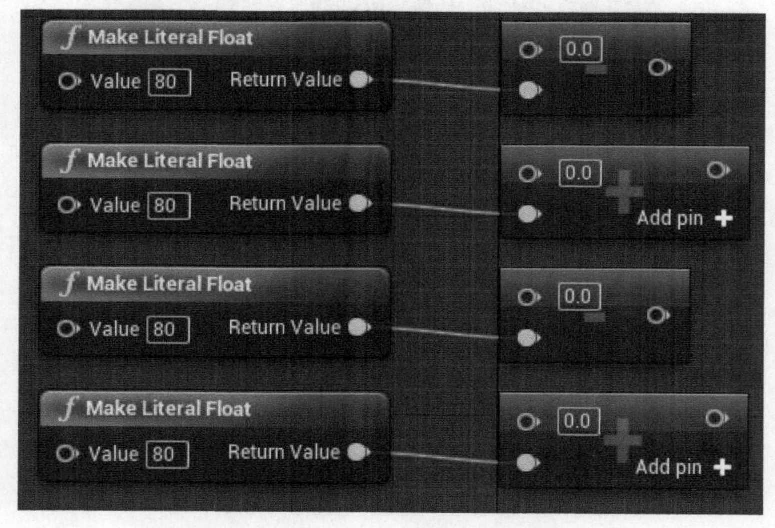

图 103　两个 Float + Float 节点的连接方式

如果您看不清这些图片，记得从 http://www.kitatus.co.uk 免费下载本书插图的高清版本。再次确认您的蓝图中，4 个 Make Literal Float 节点或者变量节点的连接方式如下：

1．Make Literal Float 节点/变量节点>Minus(–)节点的第二个输入；

2．Make Literal Float 节点/变量节点> Plus(+)节点的第二个输入；

3．Make Literal Float 节点/变量节点>Minus(–)节点的第二个输入；

4．Make Literal Float 节点/变量节点> Plus(+)节点的第二个输入。

下面回到 Break Rot 节点，虽然该节点的 Pitch 和 Yaw 输出已经与两个 Clamp Angle 节点的输入连接了，我们仍然可以将其与其他输入连接，即可以一个输出同时与多个输入相连。

下面将第一个 Minus(-)节点和第一个 Plus(+)节点的第一个输入与 Break Rot 节点的 Pitch 输出相连，第二个 Minus(-)节点和第二个 Plus(+)节点的第一个输入连接到 Break Rot 节点的 Yaw 输出，如图 104 所示。

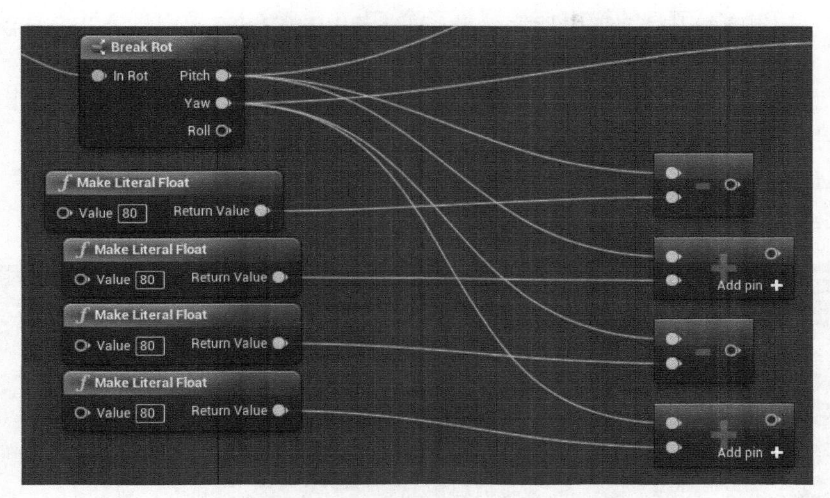

图 104　Break Rot 节点的 Pitch 和 Yaw 输出与 Minus(-)和 Plus(+)节点的连接方式

现在设置这些 Minus(-)和 Plus(+)节点的输出。下面列出 Clamp Angle 节点的 Min Angle Degrees / Max Angle Degrees 输入的连接方式，如图 105 所示。

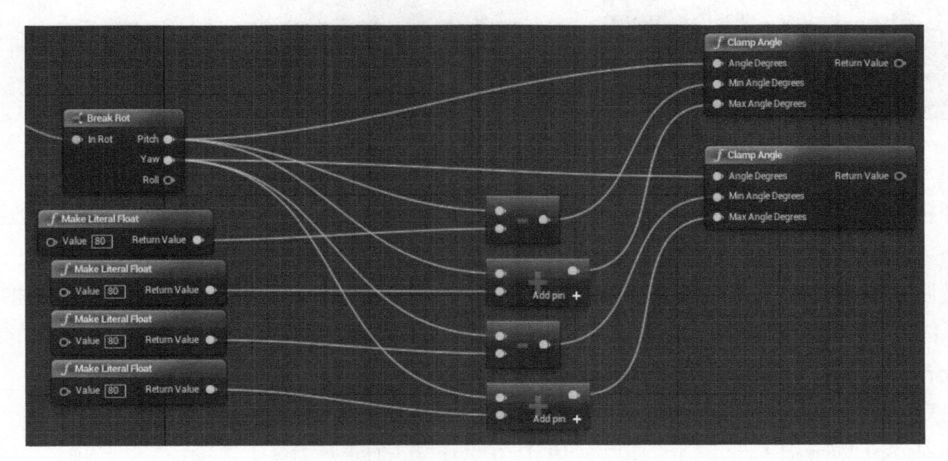

图 105　Clamp Angle 节点的 Min Angle Degrees / Max Angle Degrees 输入的连接方式

1．第一个 Minus(-)节点的输出连接到第一个 Clamp Angles 节点的 Min Angle Degrees

引脚；

2．第一个 Plus(+)节点的输出连接到第一个 Clamp Angles 节点的 Max Angle Degrees 引脚；

3．第二个 Minus(-)节点的输出连接到第二个 Clamp Angles 节点的 Min Angle Degrees 引脚；

4．第二个 Plus(+)节点的输出连接到第二个 Clamp Angles 节点的 Max Angle Degrees 引脚。

我们的蓝图看起来有点像一份美味的意大利面汤了。只要您跟着我的步骤操作，一切都会很顺利的。我们很快就要完成这个蓝图了，下面利用这些信息为摄像机生成旋转。

右键（Mac 上是 Ctrl 键+鼠标左键）单击打开 Compact Blueprint Library，搜索 Make Rot，选择新建 Make Rot 节点，如图 106 所示。

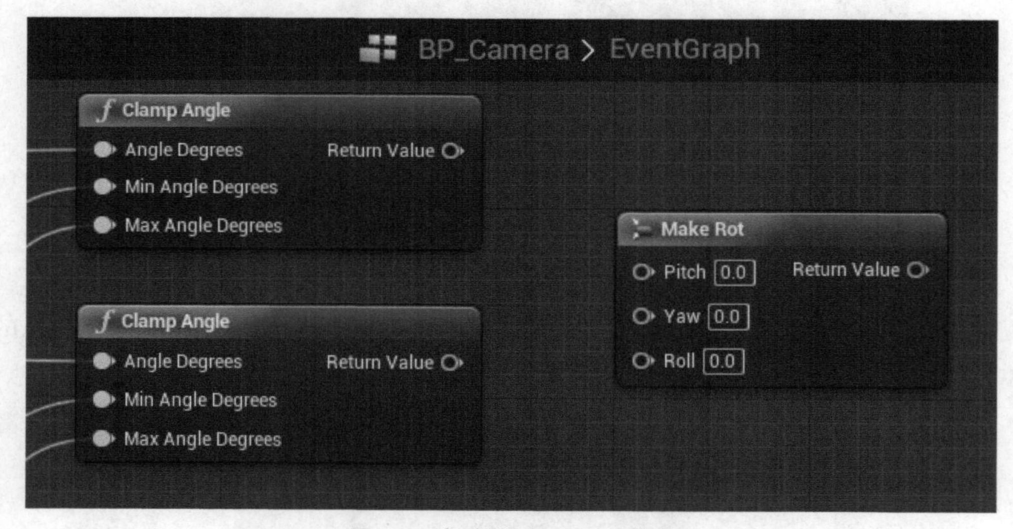

图 106　创建的 Make Rot 节点

将第一个 Clamp Angle 节点的输出与新建的 Make Rot 节点的 Pitch 输入相连，将第二个 Clamp Angle 节点的输出与该 Make Rot 节点的 Yaw 输入相连，如图 107 所示。

最后，我们得到了一个旋转输出（通过引脚颜色可以知道当前正在处理的输出类型）。将 Make Rot 节点的 Return Value 输出与很久之前创建的 Set World Rotation 节点的 New Rotation 输入相连，如图 108 所示。

在完成这个蓝图之前，仅剩下两件事情！

前往 Set World Location 节点，单击节点下方的向下箭头，展示隐藏选项，如图 109 所示。

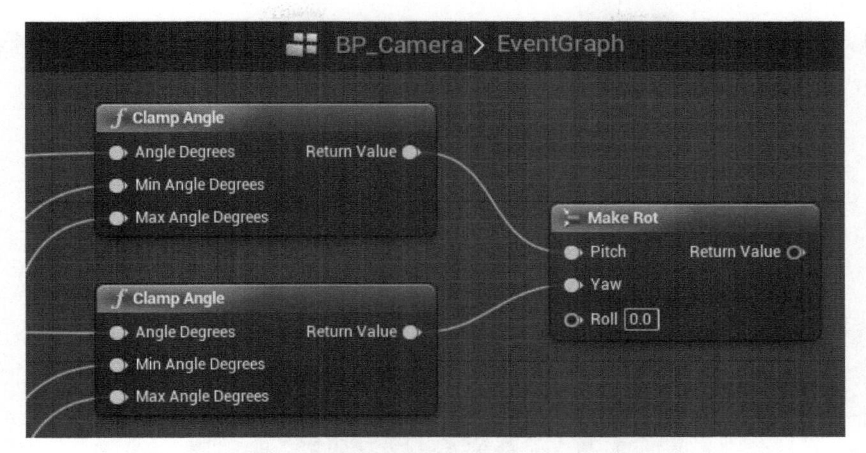

图 107　Make Rot 节点的 Pitch 和 Yaw 输入的连接方式

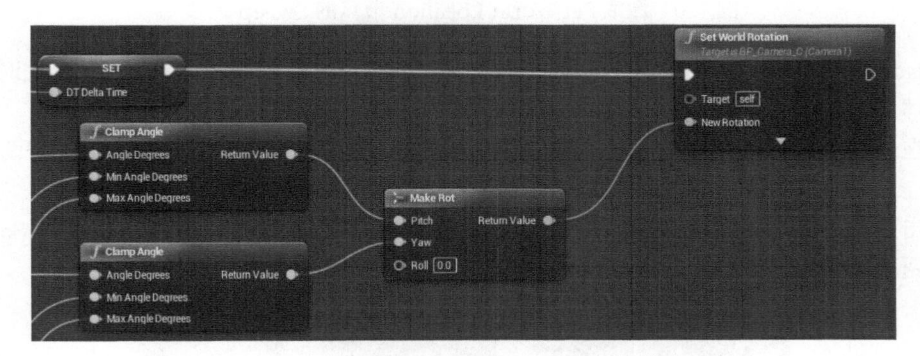

图 108　Make Rot 节点的 Return Value 输出的连接方式

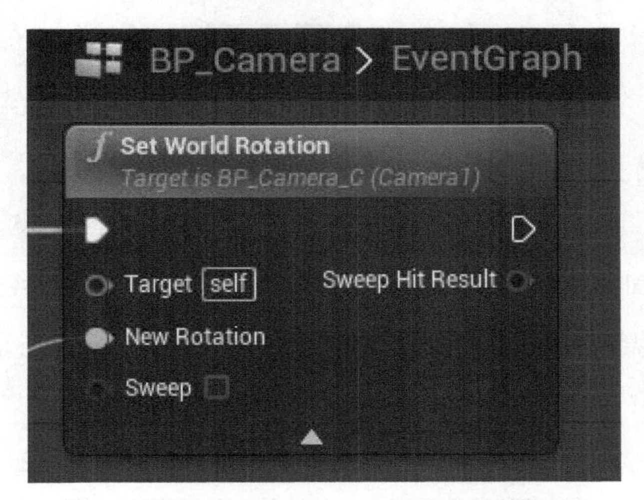

图 109　展开 Set World Location 节点的隐藏选项

现在您会看到一个名为 Sweep 的选项，当前状态是 Off（关闭）。单击空复选框激活这个选项，框中有一个勾号，如图 110 所示，说明 Sweep 已经被激活了。

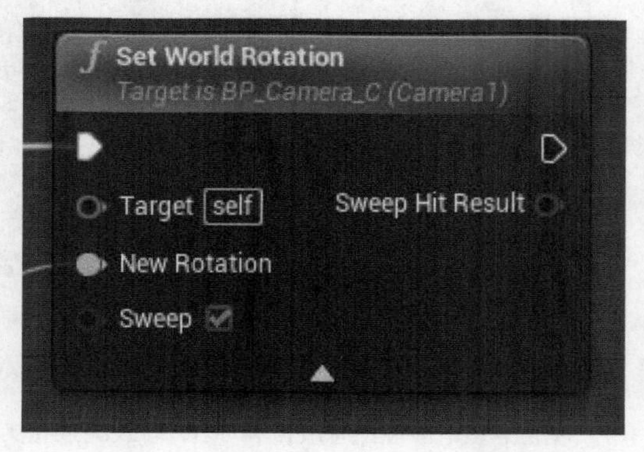

图 110　激活 Set World Location 节点的 Sweep 选项

Sweep 是做什么用的呢？Sweep 是用来保证，当摄像机被障碍物（例如墙）挡住时，它不会继续移动。

现在还剩下最后一件事情：编译和保存。编译按钮位于该窗口的左上方，图标是两个齿轮上面有一个矩形框。编译前，矩形框中是一个问号。编译完，矩形框中是一个勾号。

单击 Compile（编译）按钮，编译完成后，单击 Compile（编译）按钮右边的 Save（保存）按钮，如图 111 所示。

图 111　编译完的 Compile（编译）按钮和 Save（保存）按钮

这个蓝图已经完成。现在继续项目，关闭蓝图，返回到 Unreal Engine 4 的主窗口。此刻，我们虽然创建好了蓝图，但是还没有显示在场景中，也就是没有被激活。下面我们马上来测试它。

前往 Content Browser（内容浏览器），将 BP_Camera 拖拽到场景中。您可以把它摆放在场景中的任何位置，只要玩家和视图没有被其他障碍物挡住即可。使用 Transform（平移）工具设置摄像机的位置，直到您满意为止，如图 112 所示。

图 112　设置摄像机在场景中的位置

现在在 Level Blueprint（关卡蓝图）中添加一些代码，将摄像机设置为 Active（激活）状态。

什么是 Level Blueprint（关卡蓝图）？ Level Blueprint（关卡蓝图）是一种特殊的蓝图模式，适用于当前正在玩的关卡或者正在运行的地图。您可以在一个 Level Blueprint（关卡蓝图）中嵌入代码来记录分数或者跟踪 Actor 的状态等。

在继续之前，确保 BP_Camera 已经摆放在了场景中。通过如下方法检查：选中摄像机，它的周围会出现橘黄色的边缘线，并且旁边出现 Transform（平移）工具（通常在该对象的中间）。

单击场景视图上方工具栏中的 Blueprints（蓝图）按钮，选择 Open Level Blueprint（打开关卡蓝图），如图 113 所示。

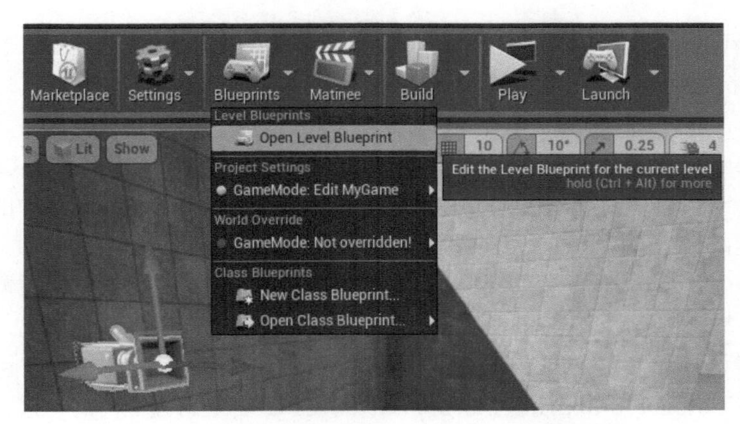

图 113　Open Level Blueprint（打开关卡蓝图）选项

单击 Open Level Blueprint（打开关卡蓝图），打开关卡蓝图。右键（Mac 上是 Ctrl 键+鼠标左键）单击打开 CBL，如果场景中的 BP_Camera 处于选中状态，那么在 Compact Blueprint Library 的上方有一个 Create a Reference to BP_Camera（创建一个到 BP_Camera 的引用）选项，如图 114 所示。单击创建一个场景中摄像机的引用节点。

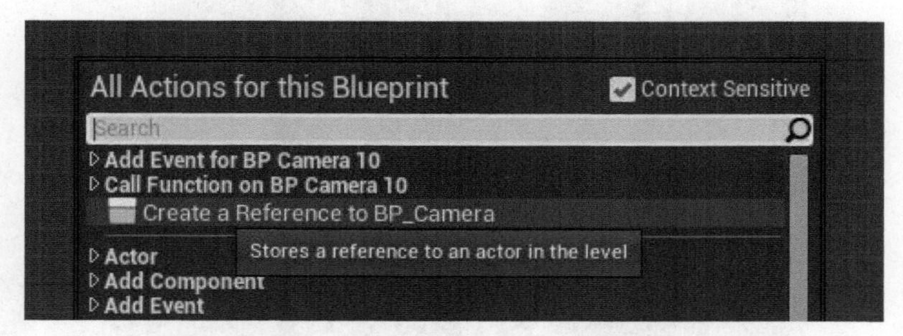

图 114　CBL 中的 Create a Reference to BP_Camera（创建一个到 BP_Camera 的引用）选项

如果您没有看到 Create a Reference to BP_Camera（创建一个到 BP_Camera 的引用）选项，说明没有选中场景中的摄像机。那么，返回 Unreal Engine 主窗口，选中场景中创建的 BP_Camera 对象。重复之前的步骤，直到在 Level Blueprint（关卡蓝图）中添加了 BP_Camera 的引用节点，如图 115 所示。

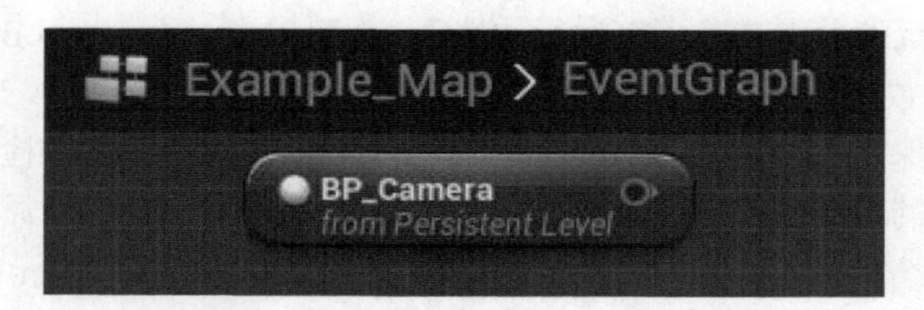

图 115　BP_Camera 的引用节点

现在需要新建一个节点，用于接收 BP_Camera 节点的输出（BP_Camera 节点上没有输入和执行引脚）。将要创建的这个节点现在对我们不可见。为了访问到这个节点，不得不暂时关闭 CBL 中的 Context Sensitive（情境关联）。

什么是 Context Sensitive（情境关联）？Context Sensitive（情境关联）是 Compact Blueprint Library 窗口中的一个按钮，功能是根据当前的情境自动过滤菜单中的选项。也就是说，因为在特定的情景下，可能只需要特定的节点，菜单中不显示所有的选项。

关闭 Context Sensitive（情境关联）模式意味着，我们能看到所有可以放置在蓝图中的节点。这时 CBL 的视图看起来有些混乱，即使对经验丰富的蓝图专家也是如此，因此在不必要的情况下还是建议打开 Context Sensitive（情境关联）模式。

下面打开 Compact Blueprint Library，取消 CBL 右上角方框内的勾选，关闭 Context Sensitive（情境关联）模式，如图 116 所示。

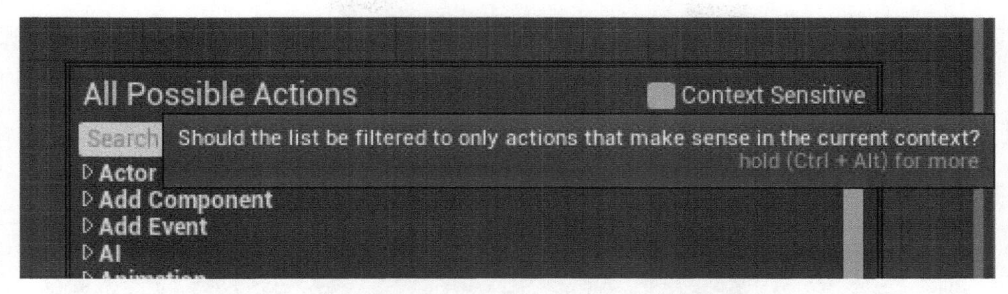

图 116　关闭 CBL 的 Context Sensitive（情境关联）

Context Sensitive（情境关联）已经关闭，在搜索框中输入 Set View Target，选择 Set View Target With Blend，如图 117 所示。

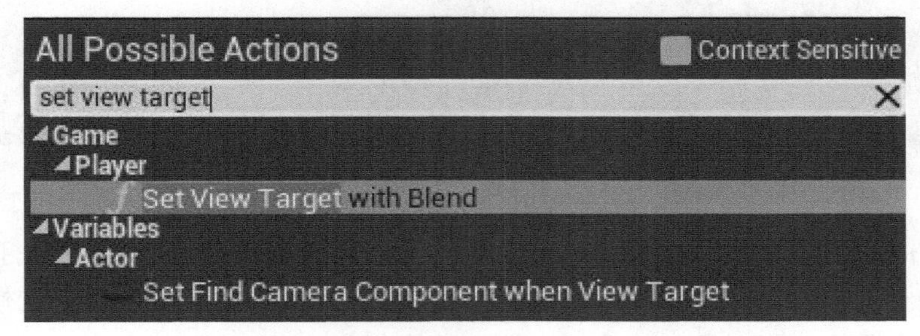

图 117　在 CBL 中搜索 Set View Target With Blend

如图 118 所示，Set View Target With Blend 节点看起来很复杂。但是一句话总结这个节点就是，Set View Target（With Blend）是一个设置当前活动摄像机的节点。

图 118　Set View Target With Blend 节点

只需要关注该节点的 3 个引脚，输入执行引脚，Target 引脚和 New View Target 引脚。注意到 New View Target 引脚就是待设置的新摄像机，所以将 BP_Camera 节点的输出与 New View Target 引脚相连，如图 119 所示。

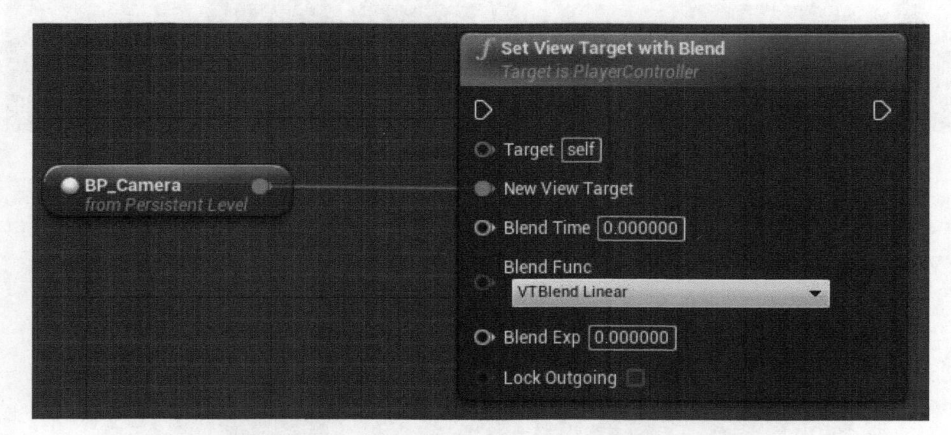

图 119　BP_Camera 节点的输出与 New View Target 输入相连

Target 引脚默认引用当前摄像机，这里我们想用 BP_Camera 来代替它。打开 Compact Blueprint Library，重新勾选 Context Sensitive（情境关联），输入 Player，选择 Get Player Controller 创建节点。将 Get Player Controller 节点的输出与 Set View Target with Blend 节点的 Target 输入相连，如图 120 所示。

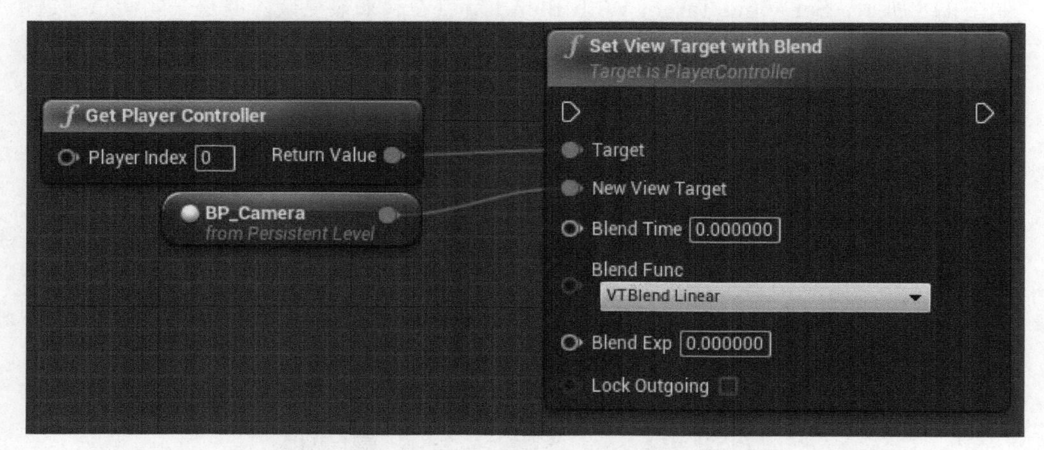

图 120　新建的 Get Player Controller 节点的输出与 Set View Target with Blend 节点的 Target 输入相连

还有一步操作就要完成了。还记得最开始我们讲到蓝图时提到的内容吗？每一个动作需要有（或者至少有）一个事件触发。当前还没有任何事件连接到 Set View Target With Blend 节点，所以它将不会被触发。

打开 CBL，输入 Begin，选择 Event Begin Play。每当游戏开始时，该事件就会被触发一次，这将很好地测试 BP_Camera 是否正常工作。

前往 CBL 新建 Event Begin Play 节点，将其输出执行引脚与 Set View Target with Blend 的输入执行引脚相连，如图 121 所示。

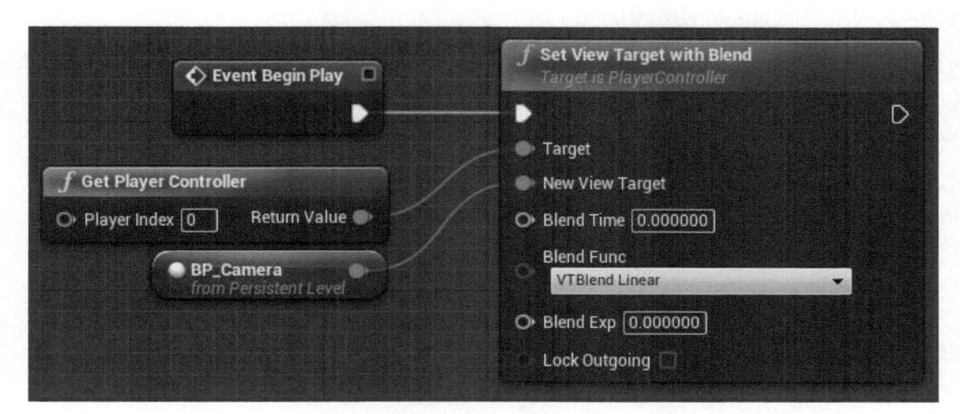

图 121　新建 Event Begin Play 节点，将其输出执行引脚与 Set View Target with Blend 的输入执行引脚相连

单击 Compile（编译）和 Save（保存）按钮，关闭该窗口。

下面测试摄像机是否正常工作！找到位于场景视图上面的工具栏（打开 Level Blueprint 的地方）中的 Play 按钮，单击其下拉箭头，选择 New Editor Window 选项，如图 122 所示，可以测试我们的项目。

图 122　选择工具栏中 Play 按钮下拉菜单中的 New Editor Window 选项

测试项目时，您的 BP_Camera 应该可以正常工作。如果没有，请返回到本步骤的开始，确保所有的步骤正确完成。或者到 http://www.kitatus.co.uk 中免费下载该项目文件，与你的项目做比较，下载文件名为“[LESSON1]ArtOfBP_01.zip”！

您已经完美地实现了第一个蓝图项目。现在在此基础上扩展一点，在地图上设置多个摄像机，营造一个真实的可以点击操作的 3D 场景。

别担心，我们不需要重新创建 BP_Camera。基于我们之前创建摄像机的方式，BP_Camera 可以被多次拖拽到场景中，只需进行少量修改，就可以轻松实现一个布置了多个活动摄像机的场景。

第 10 步　BP_CAMERA + 盒体触发器 = 摄像机系统

返回 Level Blueprint（关卡蓝图），删除之前所有输入的代码（每当游戏开始时，该代码就会被触发），因为这些代码与我们马上要创建的代码冲突。

前往 Level Blueprint（关卡蓝图），鼠标单击并拖动，选择所有代码，单击键盘上的 Delete 键，或者右键（Mac 上是 Ctrl 键+鼠标左键）选择 Delete（删除），如图 123 所示，删除之前创建的所有代码。

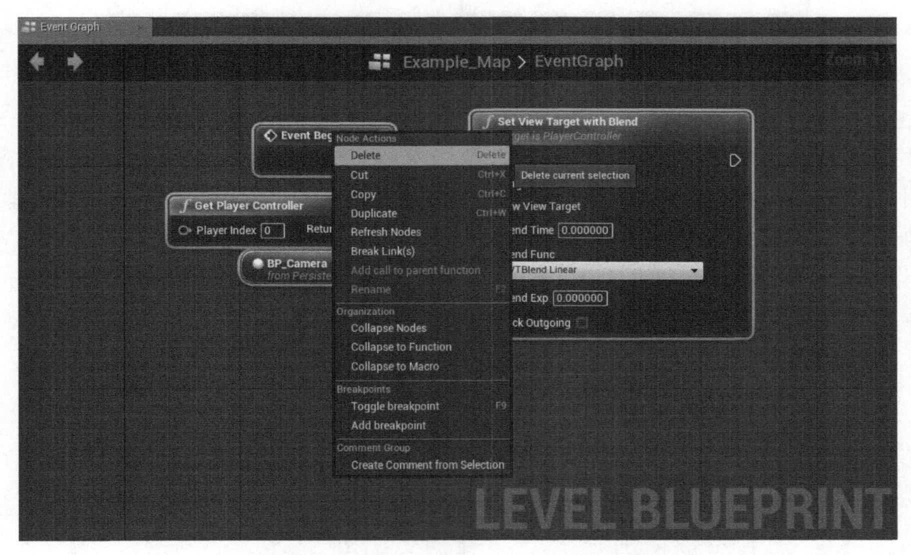

图 123　删除 Level Blueprint（关卡蓝图）中的所有代码

再次编译，告诉 Unreal Engine 这部分代码已经删除了。关闭 Level Blueprint（关卡蓝图），在场景中添加摄像机。

因为项目中有 4 个房间，我们要想一下需要多少个摄像机。现在先不考虑用于放大对象等其他功能的摄像机，仅仅关注环绕在地图上的摄像机。想象一下类似于 Resident Evil（生化危机）这样的电子游戏或者是本项目参考的 3D 点击类游戏。当您在空间中运动时，无论在哪个位置，摄像机都会跟随您。

现在，在您的脑海中分割地图。举个例子来更好地讲解这部分内容：打开 Paint/ GIMP / Photoshop 等绘图软件或者随便拿一张纸和一支笔，把自己想象成一只鸟，向下俯视地图，你所看到的场景如图 124 所示。

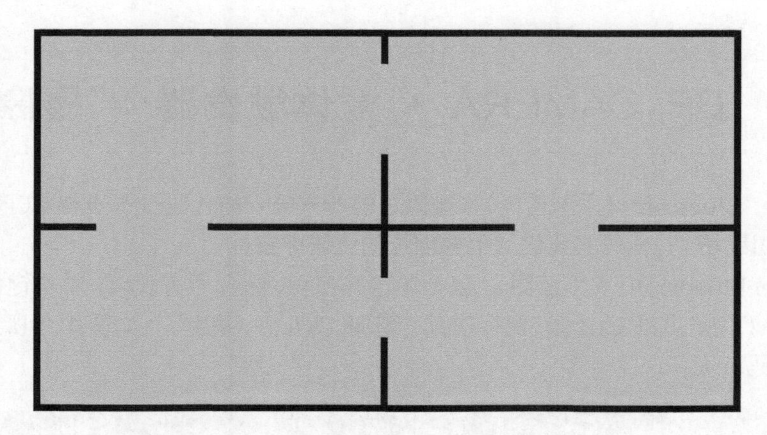

图 124　场景示意图

现在想一下玩家可能的活动范围。地图上凡是有地面的地方，玩家都可以活动。那么如何保证我们的摄像机既看起来美观，又能时刻跟着玩家呢？这里没有百分之百对的答案，我们不得不牺牲美观来达到视角的覆盖，或者减少视角的覆盖来追求美观。那么如何摆放您的摄像机呢？

这里提供 3 种可能的方案供选择。

方案#1—重要的角落

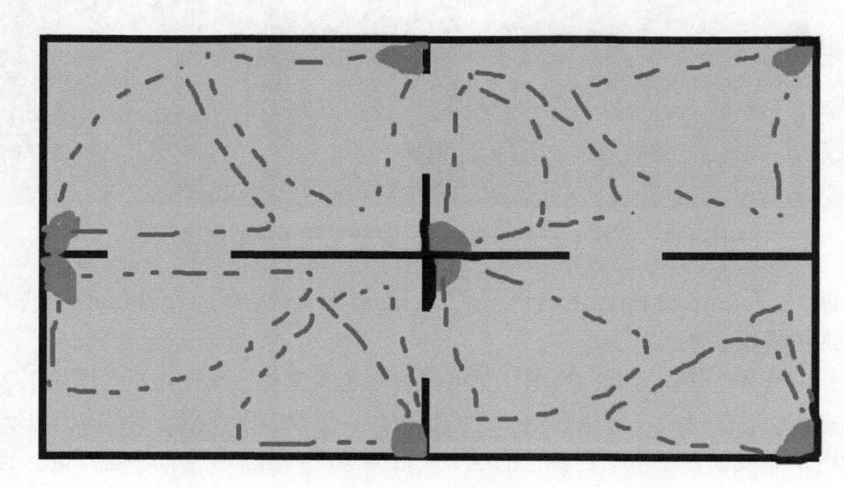

图 125　方案#1

如图 125 所示，在每个房间的两个对角上放置两台摄像机，它们将覆盖地图所有的区域，但是看起来不够美观。现在，视觉的美观比之前显得更重要，但是同时不要忘了玩家始终要在屏幕上可见。

基于上述要求，我们设计了方案#2，如图 126 所示。

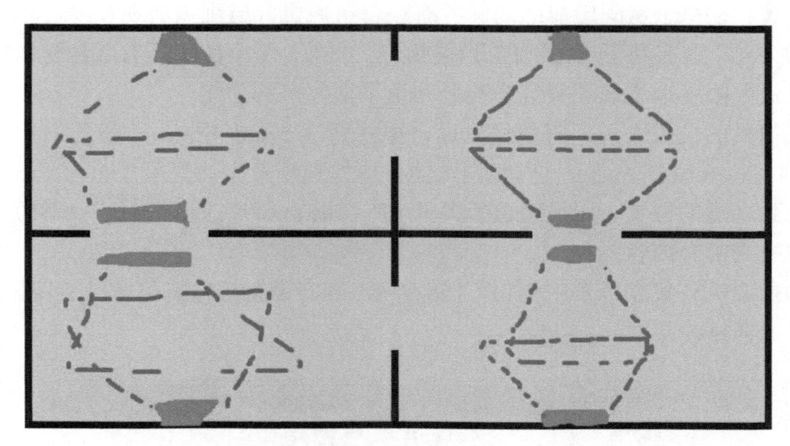

图 126　方案#2

在方案#2 中，地图外围的墙上有 4 台摄像机，全部面向中间的墙，同时中间的墙上有 4 台摄像机，全部面向外围的墙。该方案在功能上不如方案#1，因为玩家会隐藏在摄像机下面，但是增加了美观程度。正如之前所说，我们需要一种尽可能既美观又实现功能的方案。

如图 127 所示的方案#3，是我在示例项目中所使用的方案，可以从 http://www.kitatus.co.uk 下载。

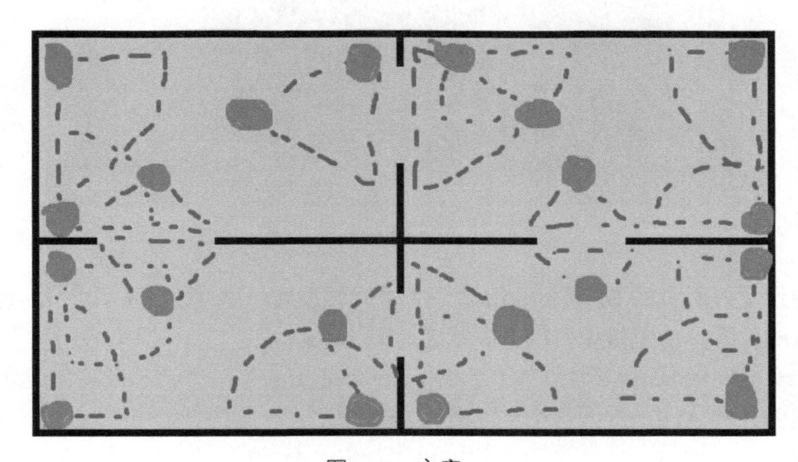

图 127　方案#3

注意：可以从 http://www.kitatus.co.uk 下载本书插图的高清版本

图 127 看起来很混乱，这是因为将摄像机设置为“锥形视图”。下面简单总结一下摄像机的位置和需要摄像机的数量。

摄像机数量： 大约 20 台。

摄像机位置： 在每个房间门口的两侧各有一台摄像机，当玩家出现在附近时，玩家的视角一直面向门的方向，这有利于展示门的开/关状态。此外，每个房间还有 3 台摄像机，覆盖每个角落，该方法最大限度地增加了美观并充分利用了摄像机的功能。

明确了摄像机的位置之后，将摄像机逐台拖拽到 Unreal Engine 场景中，具体操作是将 BP_Camera 从 Content Browser（内容浏览器）拖拽到场景中，使用 Transform（平移）工具将摄像机移动到合适的位置。如果您忘了关于 BP_Camera 和 Transform（平移）工具的操作，请返回查阅本书之前的内容。

将所有的摄像机放置在场景中，如图 128 所示。其实设置摄像机位置没有所谓正确的方式，完全取决于个人喜好。

图 128 设置摄像机的位置

在场景中设置好所有的 BP_Camera 之后，是时候创建一些 Trigger Volume（触发体）了。它将根据玩家的位置，设置摄像机的开关状态。

什么是 Trigger Volume（触发体）？Trigger Volume 是一个盒子或者接近盒子大小的对象，当玩家或者其他 Actor 进入这个空间时，它将触发一个事件。

下面设置 Trigger Volume，实现摄像机跟随玩家这个功能。但是，我们不能让任何两个触发体重叠，我再重复一遍“不能”，即使是一点点的重叠都不可以。这是因为重叠将导致一系列问题，并且它很容易避免，所以一定要避免重叠。

如图 129 所示，我试图展示 Trigger Volume 之间一定不要重叠这个问题。左图是 Trigger Volume 重叠的示意图，注意 Trigger Volume 不会是图中这个样子，这里只是用来举例；右图的两个 Trigger Volume 没有重叠。左图的 Trigger Volume 设置将会带来很多问题，所以千万不要这么做，右图的设置没有问题。

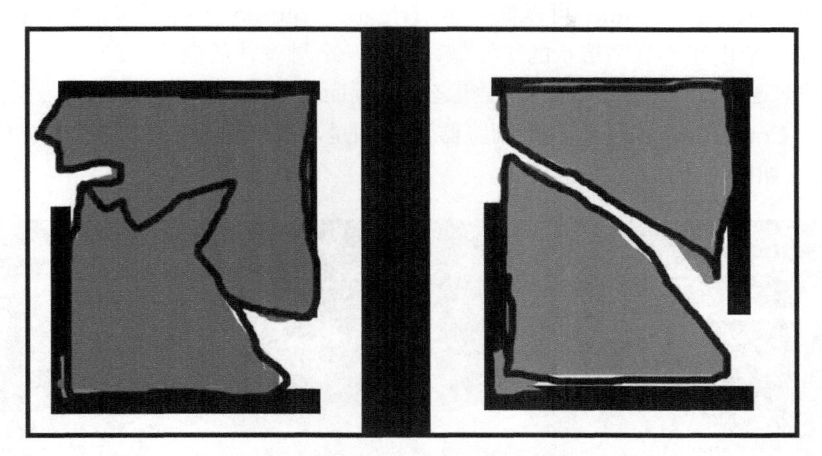

图 129　触发体重叠问题示意图

现在，开始设置 Trigger Volume。根据摄像机的位置，在每台摄像机周围画盒子（或者有 4 个侧面的对象），表示希望玩家在摄像机附近活动的范围。思考一下这个过程，当玩家进入其中一个盒子时，靠近他的摄像机将会开启，而其他摄像机将会关闭。

注意在画的过程中，盒子之间不仅不能重叠，还要覆盖 99% – 100%的玩家活动区域。这听起来很困难，所以我重新打开画图工具，画图来帮助您理解，如图 130 所示。

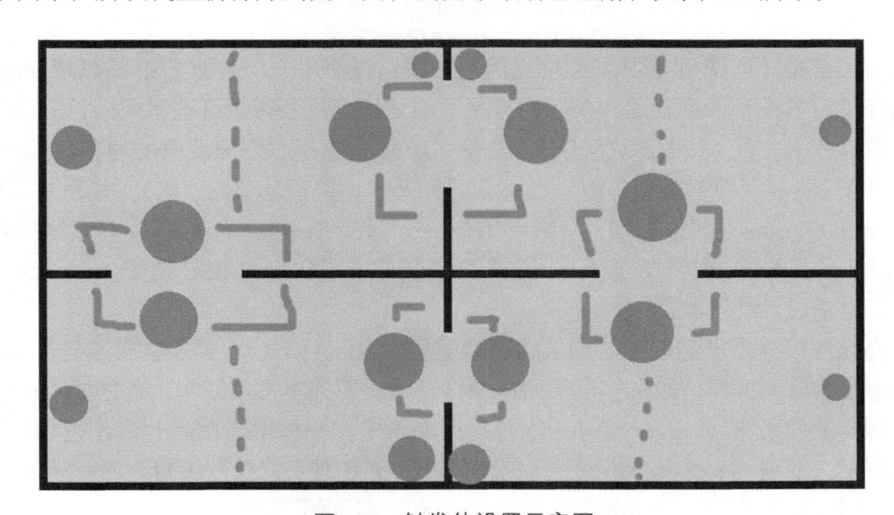

图 130　触发体设置示意图

从图 130 可以看出，我违背了自己的设置原则，有许多 Trigger Volume 重叠在一起了。

这是因为我有一个想法，对一台摄像机设置多个 Trigger Volume。虽然不同摄像机的 Trigger Volume 不能重叠，但是我们可以将一个 Trigger Volume 的代码重用到另一个 Trigger Volume，意味着这两个 Trigger Volume 可以像一个 Trigger Volume 一样同时工作。我们使用多个 Trigger Volume 来创建不规则形状的触发体，这是一个触发体所做不到的。

在纸上或者 2D 设计程序中设计好方案之后，返回到 Unreal Engine 项目的主界面。主界面的左下方是 Content Browser（内容浏览器），中间是场景视图，右上方是 Scene Outliner（场景大纲视图），如图 131 所示。

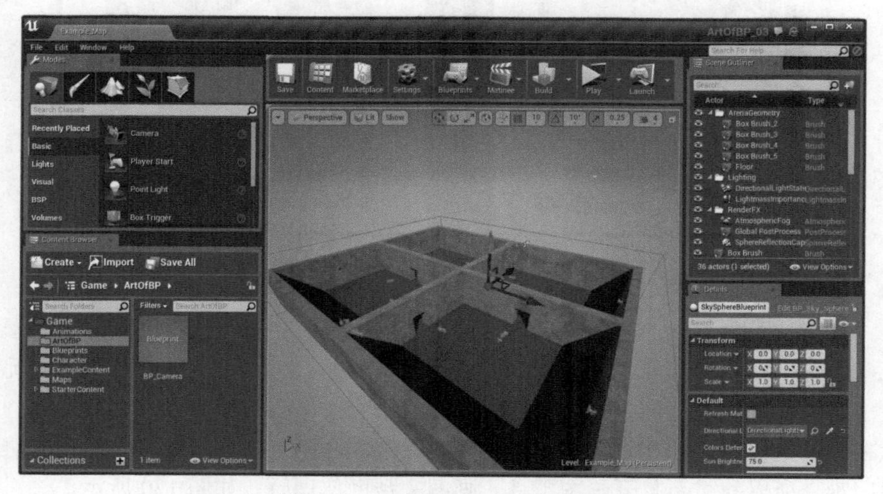

图 131　Unreal Engine 主界面

还记得之前是如何使用 BSP 创建墙壁的吗？我们将使用一个类似 BSP 的创建/布置系统，并利用已经学习的关于墙壁创建和布置的技术，但是这个过程略微有些不同。

前往窗口左上方的 Modes（模式）工具箱（之前使用 BSP 创建墙壁的地方）。这次，我们使用 Search Classes（搜索类别）搜索框（主图标下方，类别选项的上方），如图 132 所示。

在 Search Classes（搜索类别）中输入 Trigger，选择 Trigger Volume，将其拖拽到场景中（类似对 BSP 的操作）。您会发现新建的这个盒子酷似之前创建的 BSP 盒子，但是这个盒子不能变成我们之前设计的形状。

还记得如何根据需求塑造 BSP 的形状吗？使用 Modes（模式）工具箱的最右边的 Geometry Edit（几何体编辑）工具。如果忘记了如何操作，请返回到本书第四步。前往 Modes（模式）工具箱，将需要的所有 Trigger Volume 拖拽到场景中，并根据您在纸上或者是 2D 设计程序中的设计方案，使用 Geometry Edit（几何体编辑）工具对它们进行编辑。

图 133 展示的是在门附件放置 Trigger Volume，下面添加剩余的 Trigger Volume。在操作的过程中，我突然有一个好的想法——不让 Trigger Volume 百分之百覆盖整个区域，而是偷点懒。对于游戏开发来说，即使已经很清楚如何操作，有好的想法还是要记录下来。

图 132　Modes（模式）工具箱

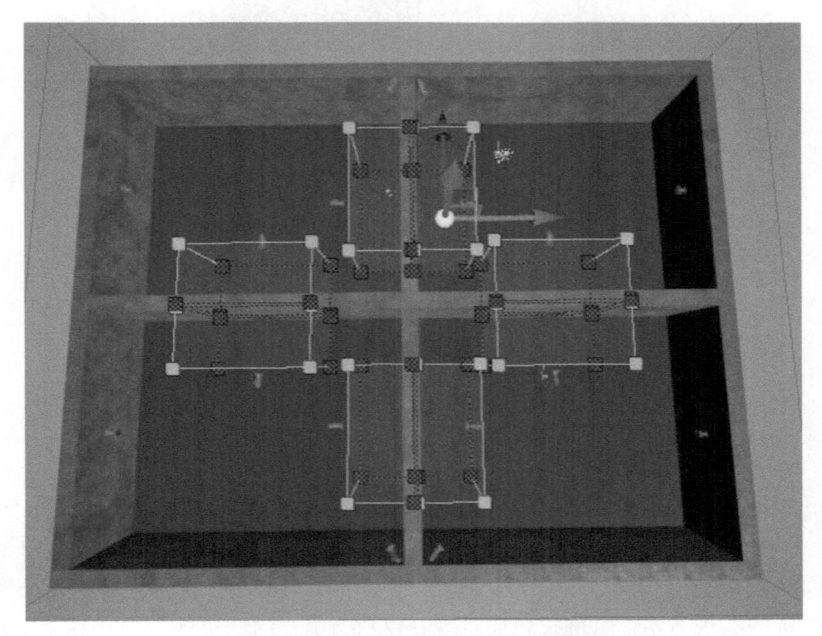

图 133　使用 Geometry Edit（几何体编辑）工具编辑 Trigger Volume

当一个 Actor 进入 Trigger Volume 时，Trigger Volume 允许我们触发一个事件。当 Actor 离开 Trigger Volume 时，还可以触发一些事件，即“Actor 离开 Trigger Volume”事件。这将帮助我们使用更少的 Trigger Volume 来实现同样的功能。

在我们的项目中，这有什么用呢？如果您跟随我的设计来布置 Trigger Volume，可以少使用 10%的 Trigger Volume。只需要在门附件摆放 Trigger Volume，再为房间中的另外一台摄像机设置 Trigger Volume，而不需要为第三台摄像机布置。我们这样运行一个事件：Actor 进入到门的触发体了吗？没有，那他进入到墙壁的触发体了吗？也没有，那么玩家一定在房间的中央。

有蓝图基础的读者可能会问：我们怎么知道他现在位于哪个房间呢？非常好的问题！要想进入一个房间，必须经过一扇门。所以我们可以使用这个信息找到玩家位于哪个房间，而不需要更复杂的代码！

基于这个想法，删除一些不必要的 Trigger Volume。如图 134 所示（如果看不清，记得查看网站上的图片），可以看到我们节省了多少 Trigger Volume。

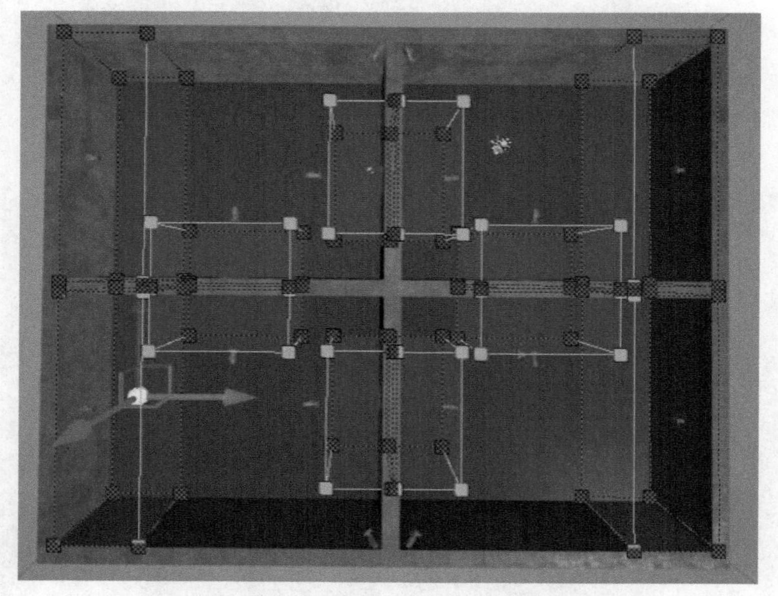

图 134　设置的 Trigger Volume

如图 135 所示是我的设计图。和图 130 比较一下，您就可以看出，使用这种方法，我们共节省了 16 个 Trigger Volume。这意味着不仅节省了编写代码的时间，而且简化了蓝图。

尽管下面这段话我已经说过很几遍，但是我还想再重复一遍：我完全可以在完成项目之后，给您介绍最简单的实现方法。但是我想通过现在这种方式，向您讲解即使是经验丰富的 Unreal Engine 4 开发者也可以学习的知识。如果把 Unreal Engine 看作乐高积木，那么我提供的是如何搭建乐高结构的教程。最后如果您购买的是乐高积木，使用我讲解的这些工具知识，加上您的想象力就可以创作疯狂惊人的作品！

本书就表达了这样的思想。有些人将本书看作是说明书，跟着步骤创建一个 3D 点击式冒险游戏。但是本书不仅限如此，本书教您的是工具和技术，用来创建 3D 点击式冒险游戏的各个部分。所以在读完这本书之后，您不仅完成了一个 3D 点击式冒险游戏，而且可以对所学到的知识进行扩展，来创建让人惊叹的项目。将本书（和我）不仅看作是创建 3D 点击式冒险游戏的老师，更是创建过程中所需工具的使用导师。我希望读者能体会我的良苦用心。

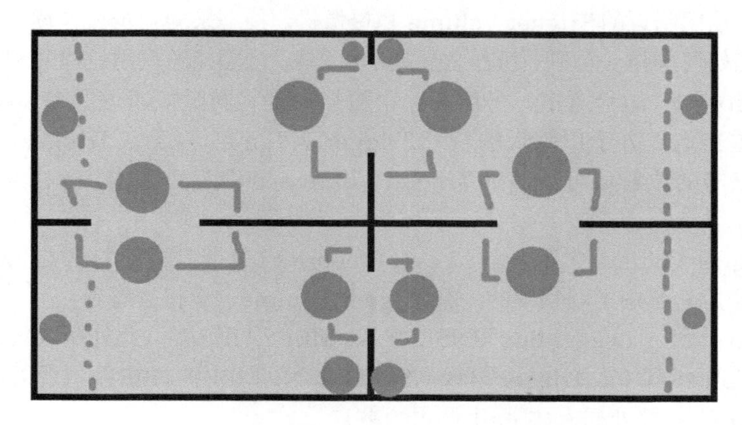

图 135　节省 Trigger Volume 的设计图

回到我们的项目，现在您的地图中应该包含需要的所有 Trigger Volume，下面对它们编写代码。注意，我们在 Level Blueprint（关卡蓝图）中创建代码时，需要不断地在场景中手动选择对象，使其显示在 CBL 中。

找到场景上方的工具栏，选择 Blueprints（蓝图）> Open Level Blueprint（打开关卡蓝图），如图 136 所示。

图 136　Open Level Blueprint（打开关卡蓝图）选项

请您再次确认已经删除了之前在 Level Blueprint（关卡蓝图）中创建的所有代码。这是因为之前的代码是用来测试 BP_Camera 能否正常工作，现在我们已经知道 BP_Camera 运行得很好。

确保 Level Blueprint（关卡蓝图）中是空的，下面继续我们的 3D 点击式冒险游戏。

首先我们关注门附近的 Trigger Volume 和摄像机。接下来的几步操作逐步描述有些困难，所以我尝试教您如何操作（而不是操作之后展示给您），让您能够使用这些知识自己进行操作。

Level Blueprint（关卡蓝图）仍然在一个窗口打开，同时快速返回 Unreal Engine 4 的主界面，通过单击选中处于门附近的一个 Trigger Volume。注意：Trigger Volume 可能很难选中，所以点击的位置尽可能靠近 Trigger Volume 的绿色边缘线，这样 90%的概率可能会选中它。

当选中 Trigger Volume 之后，返回 Level Blueprint（关卡蓝图）。打开 Compact Blueprint Library，如果您成功选中了场景中的一个 Trigger Volume，您将会看到：

- Add Event for Trigger Box <INSERT NUMBER HERE>（此处插入数字）
- Call Function for Trigger Box <INSERT NUMBER HERE>（此处插入数字）（在 Trigger Box<此处插入数字>上调用函数）
- Create a Reference for Trigger Box <INSERT NUMBER HERE>（创建一个到 Trigger Box 的引用<此处插入数字>）

这些选项在 Compact Blueprint Library 的最上面，窗口标题的下面。如果您看到了这 3 个选项，说明您成功选中了场景中的一个 Trigger Box（盒体触发器），可以在 Level Blueprint（关卡蓝图）中为它添加代码了。如果没有看出这 3 个选项，说明没有选中场景中的任何 Trigger Box（盒体触发器）。那么返回到 Unreal Engine 的主界面，重新选择即可。

在 Level Blueprint（关卡蓝图）中打开 Compact Blueprint Library，在搜索框中输入 Overlap，选择 Add On Actor Begin Overlap (Trigger Volume <此处输入数字>)，如图 137 所示。

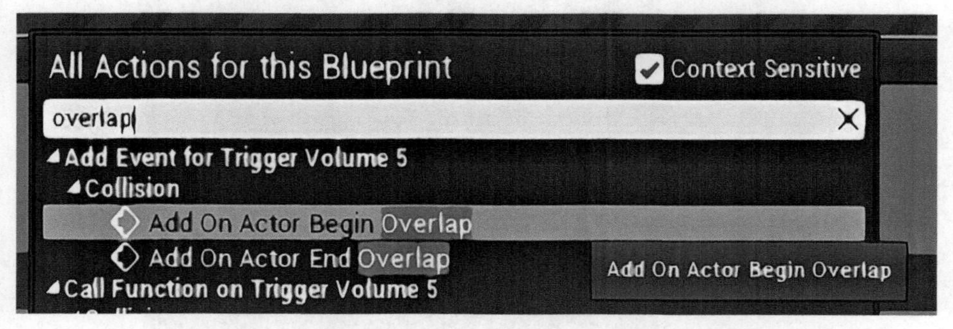

图 137　在 CBL 中搜索 Add On Actor Begin Overlap

创建了 Add On Actor Begin Overlap 节点，如图 138 所示。可以看到，事件节点没有输入，只有输出，并且标题的背景是红色。

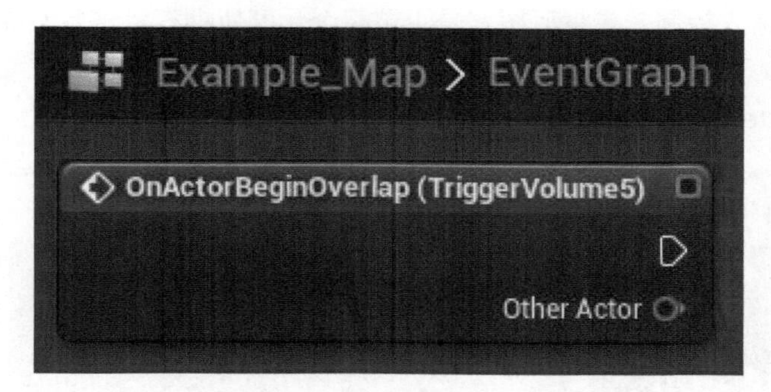

图 138 创建的 Add On Actor Begin Overlap 节点

让我们快速看一下 Add On Actor Begin Overlap 节点的输出引脚。现在您应该已经知道输出执行引脚的定义和功能，如果还不清楚，返回本书第九步，我们曾详细讲解过。第二个输出引脚名为 Other Actor，在文字 Other Actor 的右边是亮蓝色的输出引脚，示意这个输出是一个 Actor。

有些读者可能会问，为什么触发事件的输出是一个 Actor 呢。这是因为 Trigger Volume 会搜集触发信息，并告诉蓝图是什么触发了这个事件。这样方便吗？如果我们知道是什么触发了事件，就可以决定是否触发代码。这将确保摄像机不会因为另一侧地图上的 AI 进入 Trigger Volume 而发生混乱。

那么我们如何使用这个信息呢？很简单！通过创建 3 个节点来实现“当玩家进入触发体时才工作”这个功能。现在就来创建这 3 个节点：

单击 Add On Actor Begin Overlap 节点的 Other Actor 输出引脚，向右拖拽，将打开 CBL，输入==，选择 Equal (Object)节点。Equal 节点是保证输入的 Actor 和我们设置的 Actor 一致。节点右边的红色输出引脚是这个问题的答案，它将连接一个 Branch（分支）节点。

因为我们正在寻找玩家，所以 Equal (Object)节点的第二个输入是玩家。但是它必须是游戏世界中（而不是代码中）玩家的一部分。听起来有些混乱，让我来详细讲解。再次打开 CBL，输入 Get Player，出现 4 个主要选项，如图 139 所示。它们的功能如下所示。

- **Get Player Camera Manager** ——该节点的功能如字面意思，即得到玩家摄像机的管理器。我接触 Unreal Engine 4 这么长时间，从来没有使用过这个节点，也不需要使用它。因为其他的 Get Player 节点可以做类似的事情，甚至做得更好。
- **Get Player Character** ——该节点可以获得当前玩家的特性。注意如果不存在 Player Pawn，或者正在操控的玩家没有与 Character 蓝图相关联，那么这个节点不能正常工作。
- **Get Player Controller** ——该节点不能获得 Player（玩家）和 Pawn，但是可以获得当前玩家的 PlayerController（玩家控制器）蓝图。

- **Get Player Pawn** ——一个玩家拥有一个 Pawn（对它进行操纵）。该节点可以关联到玩家的输入控制并告诉蓝图它是否被某个玩家所拥有。这与 Get Player Character 节点类似，但不同于 Get Player Character 节点，它不需要关联 Character 蓝图（包含 Character Movement Component 节点的蓝图）。

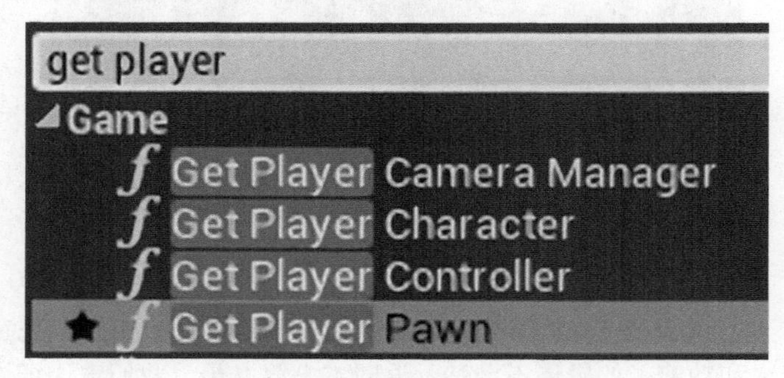

图 139　Get Player 的四个选项

现在我们已经知道了不同类型的 Get Player 节点，下面选择一个类型来表示接近门附近的玩家。这里可以使用 Get Player Pawn 和 Get Player Character。我使用 Get Player Pawn 节点，因为对于我们将要做的事情，它能提供最准确的结果。下面创建一个 Get Player Pawn 节点，如图 140 所示。

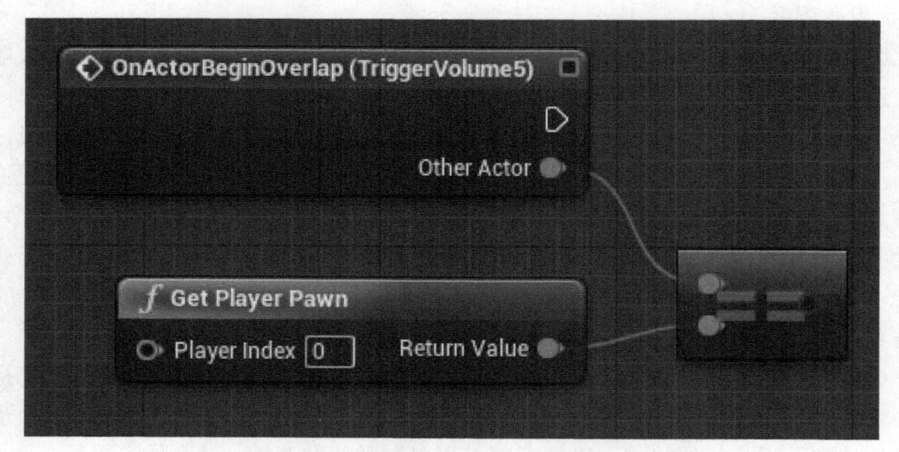

图 140　创建的 Get Player Pawn 节点

将 Get Player Pawn 节点与 Equal (Object)节点的第二个输入相连。再次打开 CBL，输入 Branch，新建一个 Branch（分支）节点（该节点根据输入的真假来执行程序分支），如图 141 所示。

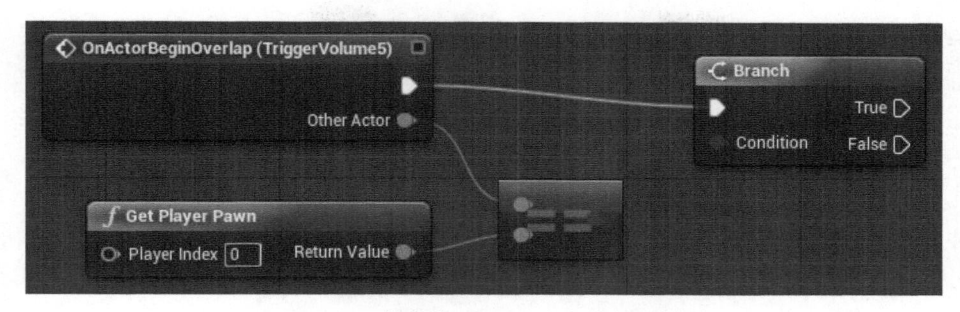

图 141　创建的 Branch（分支）节点

注意：也可以使用 B 键+鼠标左键（快捷键）单击新建 Branch（分支）节点

将 Equal（Object）节点的输出与 Branch（分支）节点的 Condition 输入相连，将 Branch（分支）节点的输入执行引脚连接到 OnActor BeginOverlap 节点的输出执行引脚，如图 141 所示。

这段代码是如何运行的呢？一旦玩家进入 Trigger Volume，我们可以确定是 PLAYER（玩家，而不是 AI 或者对象）进入了 Trigger Volume。Branch（分支）节点的输出是 True（正确）或者 False（错误）。Condition（条件）设置为判断 Other Actor = Player Pawn，进入以下状态：

如果 OtherActor 是 Player Pawn，那么……（现在需要我们来告诉蓝图需要做什么！）

当然，我们希望将距离当前 Trigger Volume 最近的摄像机设置为活动摄像机。下面前往 Unreal Engine 的主界面，选择离 Trigger Volume 最近的摄像机，单击选中它，返回到 Level Blueprint（关卡蓝图）。

场景中的摄像机在选中状态时，右键（Mac 上是 Ctrl 键+鼠标左键）单击打开 Compact Blueprint Library，您将会看到在 CBL 的上方出现 Create a Reference to BP_Camera*此处插入数字*（创建一个到 BP_Camera 的引用）选项，如图 142 所示。单击该选项，在 Level Blueprint（关卡蓝图）中创建一个该摄像机的引用节点（该操作在本书的前面已经多次出现）。

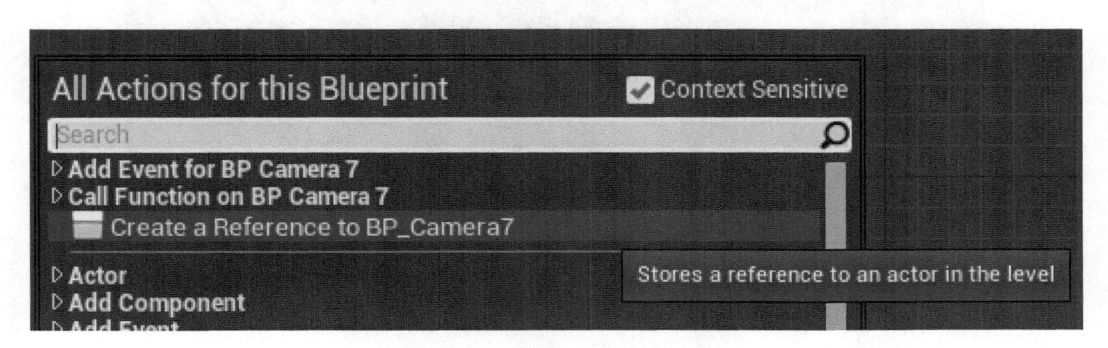

图 142　创建摄像机的引用节点

接下来，按照如下步骤创建 Set View Target With Blend 节点：

1．右键（Mac 上是 Ctrl 键+鼠标左键）单击打开 CBL；
2．取消 Compact Blueprint Library 右上角的 Context Sensitive（情境关联）勾选；
3．在 CBL 的搜索框中，输入 Set View Target；
4．选择 Set View Target With Blend，创建该节点，如图 143 所示；
5．重新打开 Compact Blueprint Library，勾选 Context Sensitive（情境关联）按钮；
6．单击 CBL 以外的区域，关闭 CBL。

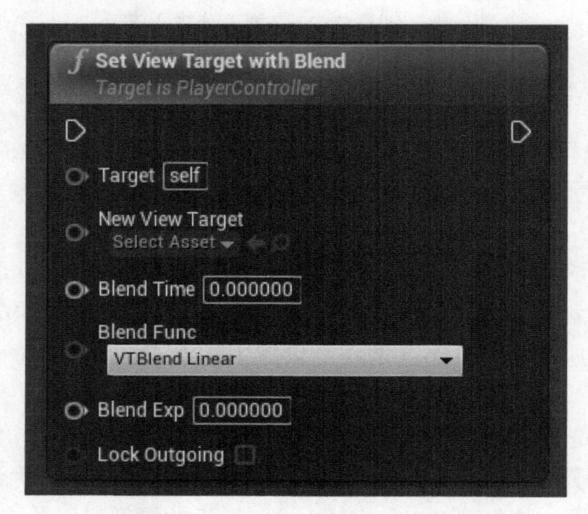

图 143　Set View Target With Blend 节点

再次打开 Compact Blueprint Library，创建 Get Player Controller 节点。将其输出与 Set View Target With Blend 节点的 Target（对象）输入相连，如图 144 所示。

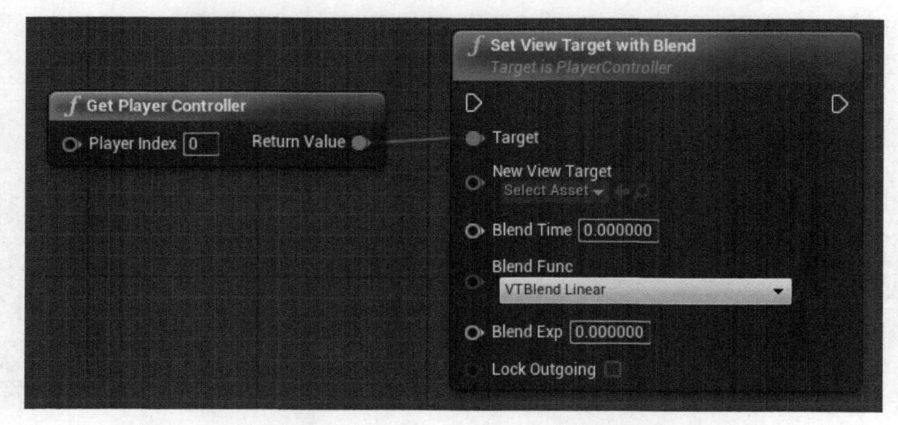

图 144　创建的 Get Player Controller 节点及其连接关系

将前几步创建的BP_Camera节点与Set View Target With Blend节点的New View Target输入相连，如图 145 所示。

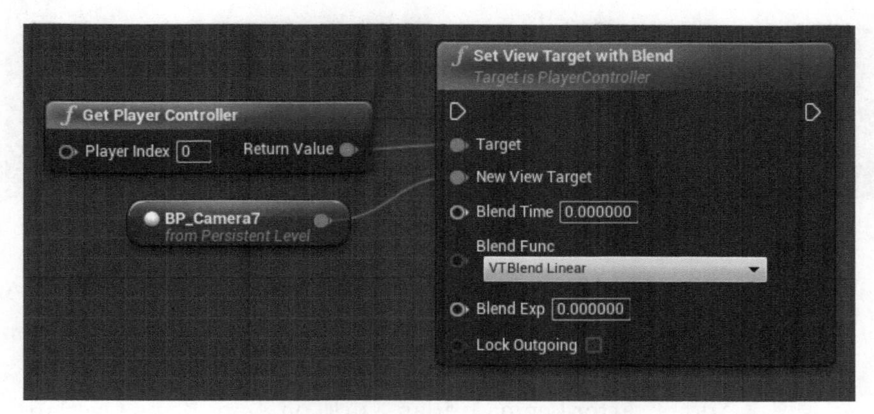

图 145　BP_Camera 节点的连接关系

最后，将 Set View Target With Blend 节点的输入执行引脚与 Branch（分支）节点的 TRUE（正确）引脚相连，如图 146 所示。

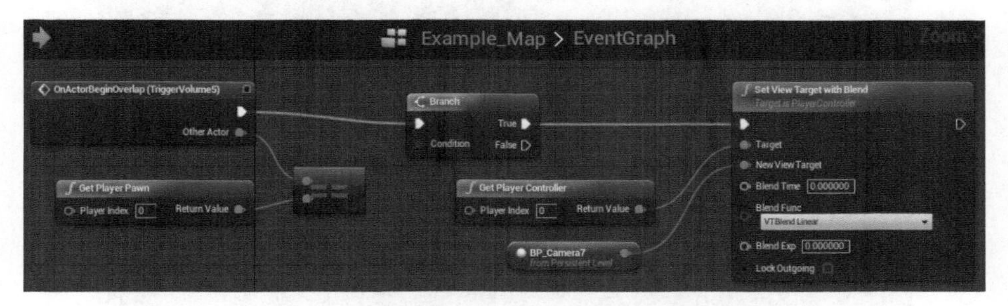

图 146　Set View Target With Blend 节点输入执行引脚的连接关系

如何用浅显的语言来解释这段代码呢？如果玩家进入了 Trigger Volume（确定是玩家，而不是其他），那么改变当前活动摄像机，并且触发我们手动设置的 BP_Camera 的代码。

这部分工作很重要，所以编译并保存 Level Blueprint（关卡蓝图）。下面继续在 Level Blueprint（关卡蓝图）中增加更多的代码。

还记得我们刚刚创建的代码中使用过的 Trigger Box（盒体触发器）吗？如果不记得，请检查 OnActorBeingOverlap 事件节点，它会告诉您该事件属于哪个 Trigger Box（盒体触发器）。再次前往 Unreal Engine 的主窗口，在场景中单击 Trigger Box（盒体触发器）。

返回到 Level Blueprint（关卡蓝图），打开 Compact Blueprint Library，如图 147 所示。接下来的几步，我们将在 Unreal Engine 的主窗口和 Level Blueprint（关卡蓝图）两个界面来回切换。

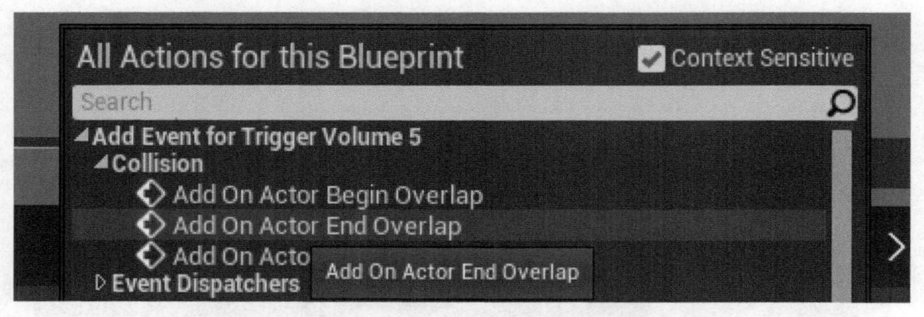

图 147　选中 Trigger Box（盒体触发器）时的 CBL

如果在场景中选中了 Trigger Box（盒体触发器），在 CBL 的搜索框下方会出现 Add Event for Trigger Volume <这里插入数字>的选项。单击它，在展开的菜单中单击 Collision，继续展开可以对 Trigger Box（盒体触发器）使用的选项。

这次，不是创建 Add on Actor Begin Overlap（添加 on Actor Begin Overlap）节点，而是创建 Add on Actor End Overlap（添加 on Actor End Overlap）节点，如图 148 所示。该节点处理玩家离开触发体这一事件。

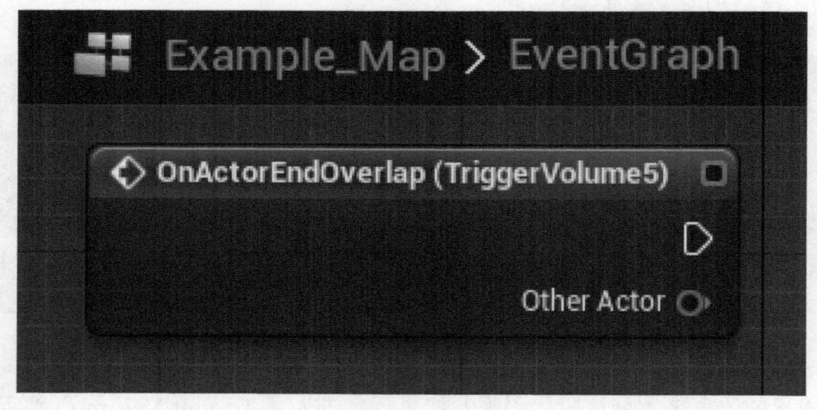

图 148　Add on Actor Begin Overlap（添加 on Actor Begin Overlap）节点

该事件节点与我们之前创建的 OnActorBeginOverlap（TriggerVolume<这里插入数字>）节点非常相似。因为它们以完全相同的方式工作，所以都有输出执行引脚和 Other Actor 引脚。当玩家进入 Trigger Volume 时 Begin 事件被触发，当玩家离开 Trigger Volume 时 End 事件被触发。

下面设置 End Overlap 节点的行为。正如之前所讲，当玩家不在 Trigger Volume 中时，我们希望当前活动摄像机是周围没有触发体的摄像机。在前期设计中，摄像机需要多个 Trigger Box（盒体触发器），但是在后期设计中，我们放弃这种方式，使用 End Overlap 方法。

如图 149 所示是借助微软画图工具的涂鸦，用来示意我的意思。

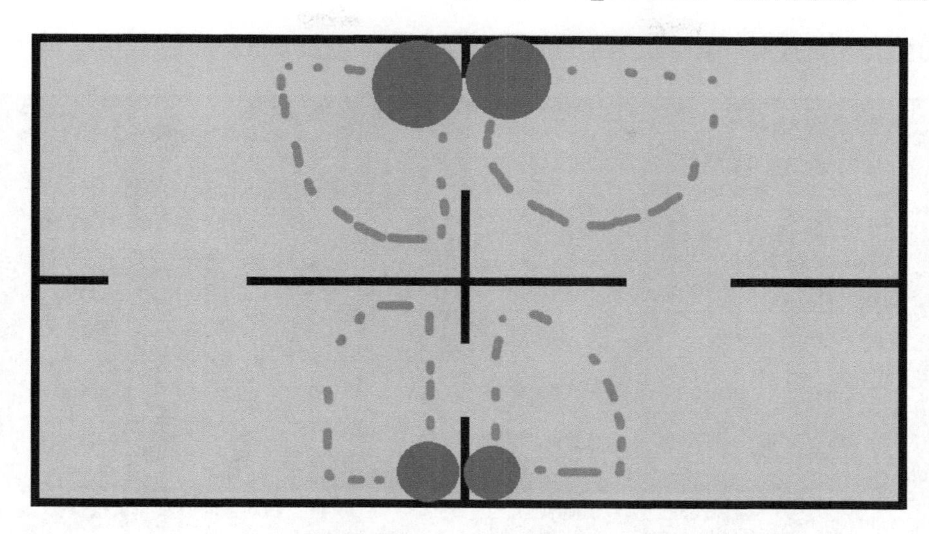

图 149　设计图，展示摄像机在场景中的位置（请将这幅图与图 135 比较）

注意：如果看不清这些图片，请从 http://www.kitatus.co.uk 免费下载本书插图的高清版本。

我们正在讨论的是房间中没有被设置 Trigger Box（盒体触发器）的摄像机。下面我们继续！

前往 Unreal Engine 4 的主窗口（场景视图所在的窗口）。左键单击选中我们刚刚讨论的摄像机（如果您跟随我的设计方案，它应该位于房间的中间转角或者外缘转角）。

选中后，返回到 level blueprint（关卡蓝图），添加一个到它的引用。打开 CBL，在窗口的上方选择 Create a reference to BP_Camera <这里插入数字>（创建一个到 BP_Camera 的引用）。

目前，您的 level blueprint（关卡蓝图）应该包括 Begin Overlap 事件节点及其与摄像机的设置代码、没有添加任何代码的 End Overlap 事件节点和新建的到摄像机的引用。下面我希望您能独立进行一些操作，正如父母撤掉自行车的辅助轮子一样，您能独立行走一会儿。

Begin Overlap 事件节点和 End Overlap 事件节点以完全相同的方式工作，当然除了一个节点用于玩家进入 Trigger Volume，另一个节点用于玩家离开 Trigger Volume 的情况。

请您参考 Begin Overlap 节点的相关代码来添加 End Overlap 节点的代码。除了 Set View Target with Blend 节点的 New View Target 输入不同，其他所有的代码都一样。该 New View Target 输入应该设置为我们刚刚引入的 BP_Camera。下面参考 Begin Overlap 节点的相关代码，尝试创建 End Overlap 节点的代码。

对于正在尝试操作的读者，请您确保以下设置：

End Overlap 节点> Other Actor (Get Player Pawn) > == > Branch（分支）> (True) > Set View Target With Blend (Get Player Controller) (BP_Camera <这里插入数字>)

图 150 所示是这两个事件节点的代码，读者可以从中获取要点。

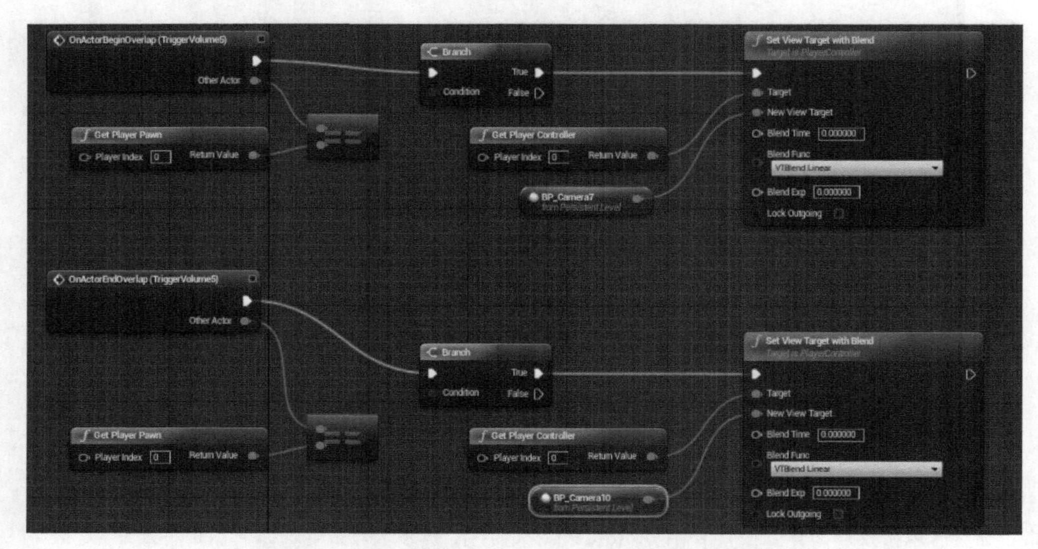

图 150 Begin Overlap 和 End Overlap 节点的代码

如果您看不清这些图片，记得从 http://www.kitatus.co.uk 免费下载本书插图的高清版本。

现在，您应该能创建 End Overlap 节点了。如果不能，别担心！网站上的项目文件包含这部分代码。

记得一定要保存并编译蓝图。下面我希望您能独立进行操作。这不仅能节省本书的空间以留给更重要的内容，更是掌握蓝图系统的一个很好的实践机会。

现在您已经掌握如何在 level blueprint（关卡蓝图）中配置摄像机了。如果还没有掌握，那么请浏览本书之前的步骤，使用您已经学到的在蓝图中配置摄像机和 Trigger Volume 的知识，配置场景中的所有摄像机。对于不想亲自实践或仍有疑惑的读者，可以从网站 http://www.kitatus.co.uk 或 http://content.kitatusstudios.co.uk 下载 Lesson #2 项目。该项目包含目前为止所有的操作，包括 Level Blueprint（关卡蓝图）中对场景中所有摄像机的设置代码。

对于坚持自己做（没有使用网站上的项目）的读者，请注意，如果玩家不在 Trigger Volume，一定要保证房间角落的摄像机（这些摄像机没有设置 Trigger Volume）被设置为活动摄像机。

继续吧，我的读者们！您对场景中所有的摄像机和 Trigger Volume 添加 Level Blueprint（关卡蓝图）代码。或者也可以从网站上下载项目文件，虽然我不建议您这么做！

第 11 步　对摄像机的总结

您可能会注意到我们的摄像机系统有一些问题：玩家控制发生了错误，门口出现了奇怪的现象。

因为本书仅仅是一个教程，而不是终极版的游戏，所以这不是一个迫在眉睫的问题。如果您将本书的内容作为最终产品，那么需要添加额外的代码，来找到玩家是从 Trigger Volume 的哪一侧离开的，并据此来设置摄像机。然而，为了介绍这个内容，我还需要介绍点击式游戏的其他方面，而这将占用本书很多篇幅。

但是如果对于您来说，门口处摄像机的漏洞是一个紧要问题，那么请试着提出自己的解决方案，这很容易。或者也可以发邮件给我 contact@kitatusstudios.co.uk，我帮助您解决。

我们目前的项目同时存在玩家控制问题，本书将花大量时间来讲解。这部分内容不难，但是耗时。由于这并不是当前最糟糕的问题，所以将在本书后面讲解。

现在我们关心的是为玩家提供另外一种控制方式。当您想到点击，您会联想到用什么来控制呢？没错，就是鼠标。

第 12 步　鼠标点击控制移动

下面，我们来创建一种控制机制：当玩家点击场景中的任意一个位置，玩家就跑到那里。这种方式很容易实现。

我们还将学习更多重要的蓝图工具，不仅是为创建我们自己的电子游戏提供工具，而且将帮助我们整体上更好地理解蓝图。所以，事不宜迟，让我们马上开始！

返回 Unreal Engine 的主窗口（其中间是场景视图），前往主窗口左边的 Content Browser（内容浏览器），如图 151 所示。

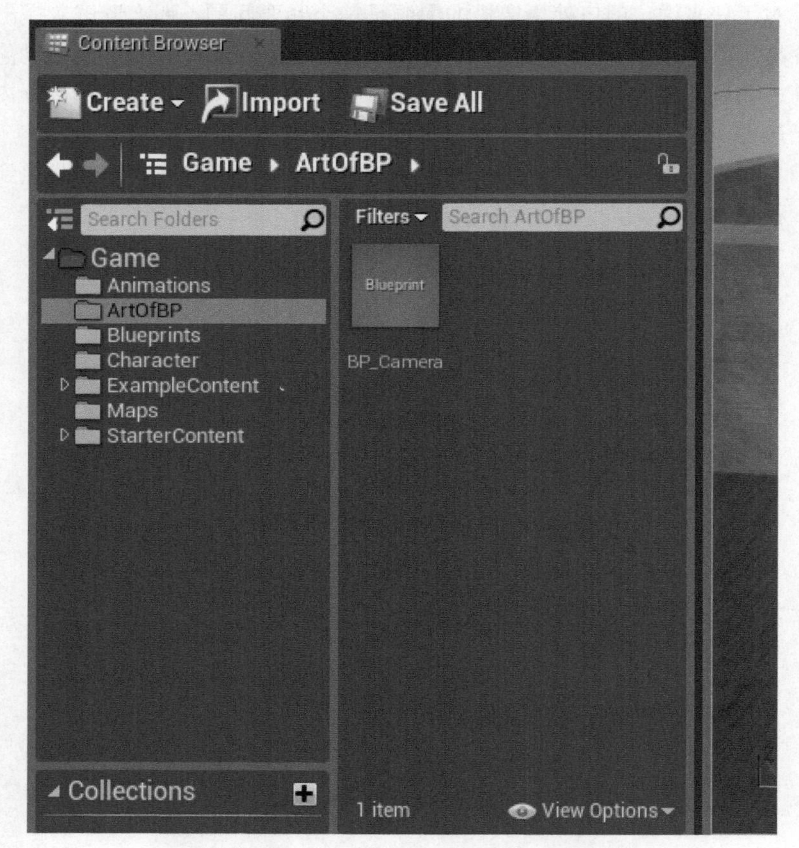

图 151　Content Browser（内容浏览器）窗口

我们需要新建一个蓝图。对于忘记如何新建蓝图的读者，请按照如下步骤：首先保证当前位于 Content Browser（内容浏览器）的 ArtOfBP 文件夹下，然后单击 Content Browser（内容浏览器）上方的 Create（创建）按钮，单击 Blueprint（蓝图）按钮，将会打开 Pick Parent Class（选择父类）窗口，如图 152 所示。

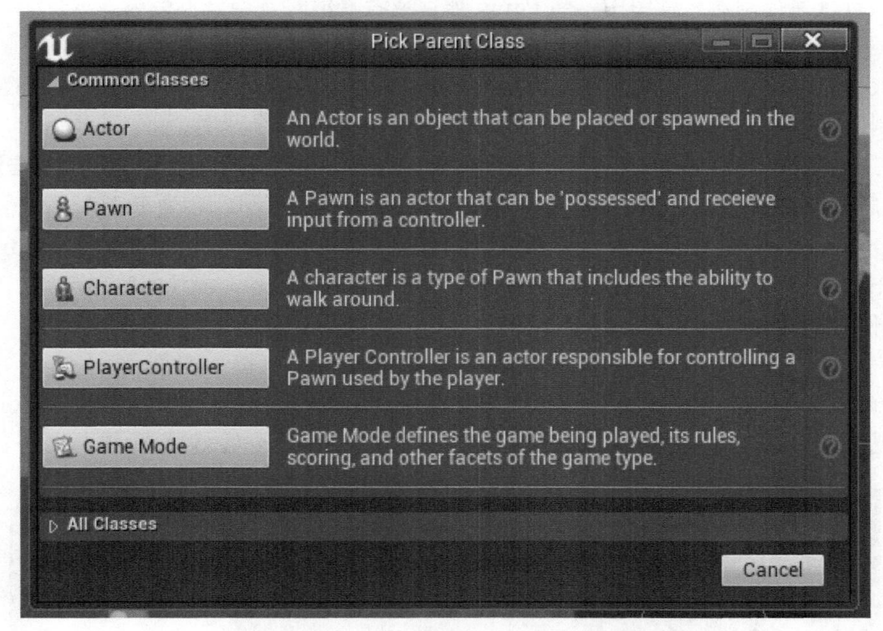

图 152　Pick Parent Class（选择父类）窗口

Pick Parent Class（选择父类）窗口让我们基于一个模板来创建蓝图。下面我将解释一些事情，可能会无意中增加项目的复杂度。

当前模板的类型（创建时选择的是 Third Person Template）使得将所有的控制代码写在了 MyCharacter 蓝图中。这是一种错误的方式，这里的“错误”不是不正确，而是不恰当。举个例子：假设您有一片吐司面包，想在上面加黄油。正确的方式是使用刀来操作，但是您使用了叉子或者勺子，这种方式仍然是可行的，但不是最恰当的。

在 MyCharacter 中添加控制代码，就是我所说的错误方式。Third Person Template 为什么会如此处理，不在本书讨论的范畴。正确的方式是在 Player Controller（玩家控制器）蓝图中添加控制代码。

创建 Player Controller（玩家控制器）蓝图是为了搭建真实玩家和其所控制的 Pawn（可被支配的 Actor 对象，且可以从控制器接受输入）之间的桥梁。

使用 Player Controller（玩家控制器）还有很多好处。在多人游戏中，如果您将所有的动作代码用于一个 Pawn，将会遇到问题。有时候，多人同时控制一个 Pawn（可能会很有趣），当他们死亡或者复活时，这个角色可能会没有响应。这些都是我们将遇到的困难。

我们继续讨论多人游戏的情况，不仅可以将控制添加到 Player Controller（玩家控制器）

蓝图中，还可以进行更多的操作。您可以将玩家的得分写到 Player Controller（玩家控制器）蓝图中。如果将玩家得分写到 Pawn 中，当 Pawn 死亡，得分将会重置；如果写到 Player Controller（玩家控制器）蓝图中，当 Pawn 死亡或者复活时，得分不会被重置。

Player Controller（玩家控制器）有很多解决办法解决上述问题。

下面，前往您的项目中。在 Pick Parent Class（选择父类）窗口中单击 Player Controller（玩家控制器），基于 Player Controller（玩家控制器）创建一个蓝图。

命名这个蓝图：在 Content Browser（内容浏览器）中该蓝图图标的下方文本框修改。为了本书讲解方便，这里将 Player Controller（玩家控制器）蓝图命名为 PC_PointChar，代表 Player Controller Point Character。使用这种命名方式非常简单好记，例如命名 texture（纹理）为 T_Texture，命名 Materials 为 M_Material。当 Content Browser（内容浏览器）中有成百上千个组件时，这种命名方式会特别方便。

现在已经创建了 Player Controller（玩家控制器）蓝图，并取了一个很好的名字 PC_PointChar。下面，双击打开 PC_PointChar 蓝图。当蓝图第一次打开时，将位于 Component（组件）视图。使用右上方的导航按钮进行切换，切换到 Graph（图表）视图，如图 153 所示。

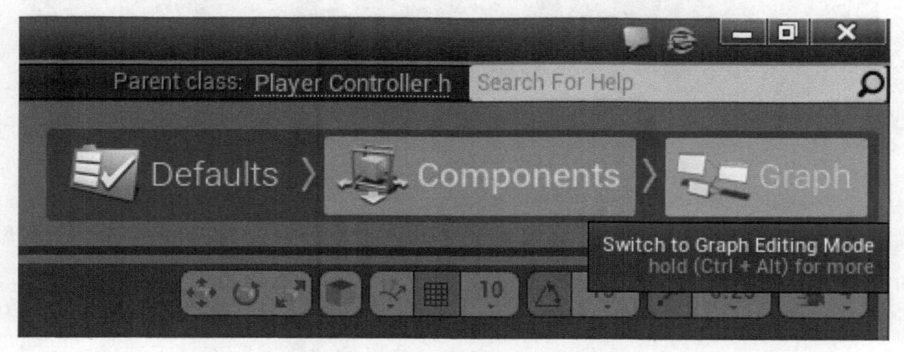

图 153　切换蓝图视图

第 13 步　函数、函数、函数

下面我们创建函数，函数的关键是将代码封装为一个节点。

使用函数有很多好处，为了节省本书的空间，您可以查看 Unreal Engine 文档来了解函数的优势（特别推荐这种方式）。用简洁的语言来总结一下就是：将函数看成是常用的蓝图节点。我们可以设置输入和内部的代码，不仅能使得蓝图看起来更清晰，还可以在任意适合的蓝图中使用该函数。

在这一点上，函数类似于宏。然而，两者关键的不同点是，函数表示代码的复用，并且不允许延迟节点（例如 Delay），只有一个输入执行引脚以及一个输出执行引脚，而宏表示代码块的替换，允许多个输出执行引脚。

在本书中，我们也将创建宏（来展示宏与函数的区别）。但是现在，我们来创建函数，您马上会看到创建函数的原因。

在 PC_PointChar 蓝图的 Graph（图表）视图下，前往 Variable Library，如图 154 所示。

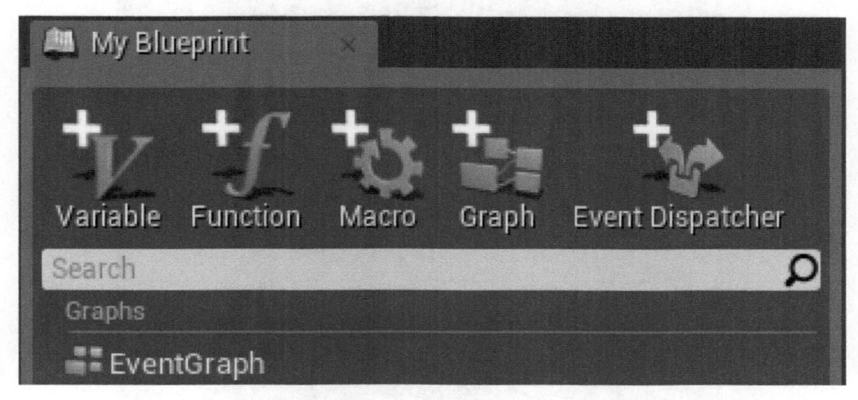

图 154　Variable Library

之前我们使用 Variable Library 上方的功能区来创建变量（通过单击图标为字母 V 上方带一个加号的按钮）。这里不是单击 Variable（变量）按钮新建变量，而是单击其右边的 Function（函数）按钮（其图标是一个字母 f，上面带一个加号）新建函数。

Variable Library 中已经创建了一个函数，该函数的名字当前处于高亮显示状态（提醒重命名）。下面设置该函数的名字为 MoveToLocation。

这个函数蓝图中已经有了一个事先设置好的节点，如图 155 所示。请不要试图去删除它，蓝图不允许此操作。它是函数蓝图的起始节点，可以通过它来接收所有信息。该节点也是帮助我们判断当前处于主蓝图还是函数蓝图的简便方法（因为主蓝图中不会包含紫色的节点）。

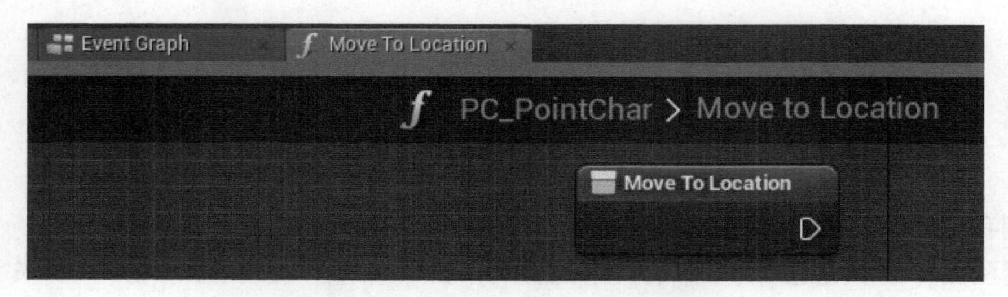

图 155　MoveToLocation 函数节点

提示：通过蓝图区域上方的选项卡切换主蓝图的 Event Graph（事件图表）视图还是函数蓝图视图。

现在我们有了自定义的第一个输入引脚——输入执行引脚。如果没有这个输入，则不能触发这个函数。因为这个函数的功能是点击跟踪——让玩家移动到鼠标所点击的位置（一会儿将会看到效果），所以还需要另外一个输入。

下面我们来添加新的输入。具体作法是：单击这个紫色的节点，或者在 Variable Library 中单击函数名。然后前往 Variable Library 的 Details（细节）面板，如图 156 所示。

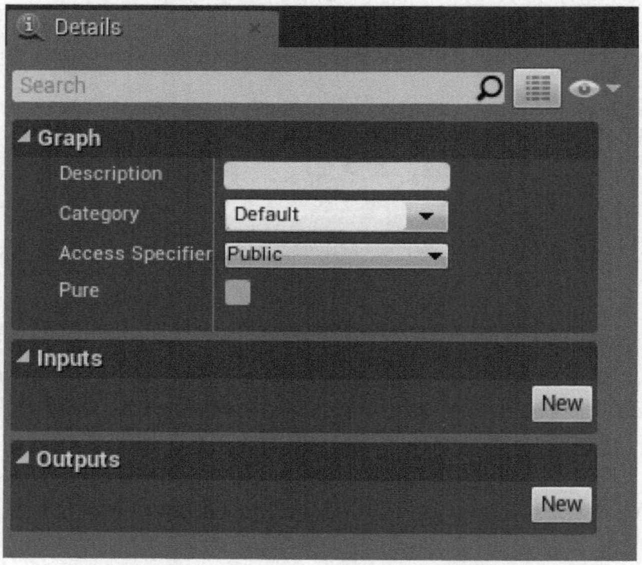

图 156　Details（细节）面板

Details（细节）面板中有两个子面板：Inputs（输入）和 Outputs（输出）。在 Inputs（输入）子面板中单击 New（新）按钮来新建一个输入，如图 157 所示。

Bool（布尔型）是一个真或者假的二值变量，也就是说它的值只能取 True（正确）或者 False（错误）。

但是现在不需要布尔型的输入，将输入类型改为 Hit Result。单击 Boolean（布尔型）按钮，在弹出的下拉菜单中输入 Hit，选择 Hit Result，如图 158 所示。

图 157　新建函数输入

图 158　新建 Hit Result 类型的输入

将输入名 NewParam 改为 Hit Result，如图 159 所示，用于提示蓝色的输入表示什么。

图 159　修改函数输入名

我们已经设置了函数的第一部分，下面在函数中添加代码。

Hit 是玩家在游戏世界中的点击。一旦我们获得了点击的位置，就可以将玩家移动到该位置。

使用 CBL 创建 Break Hit Result 节点，注意先取消 Context Sensitive（情境关联）勾选，在创建完该节点之后再重新勾选。将该节点左边的 Hit 与输出 Hit Result 相连，如图 160 所示。

如图 160 所示，Hit Result 有很多输出，它们都颇具解释性。如果您对哪个输出不清楚，请查阅 Unreal Engine 相关文档。其实在大部分情况下，如果您不知道 Break Hit Result 节点的某个输出的是做什么的，那么十有八九都不会用到它。

在设置 Break Hit Result 节点的输出之前，首先我们需要知道玩家游戏世界中的位置。别担心，这里不需要使用任何 Trigger Boxes（盒体触发器）。

我们需要获得当前玩家，也就是 Player Controller（玩家控制器）所关联的玩家。打开 Compact Blueprint Library，搜索 Get Controlled Pawn 创建该节点，如图 161 所示。Get Controlled Pawn 节点将获得当前 Player Controller（玩家控制器）所控制的 Pawn（或者 Player Character）。

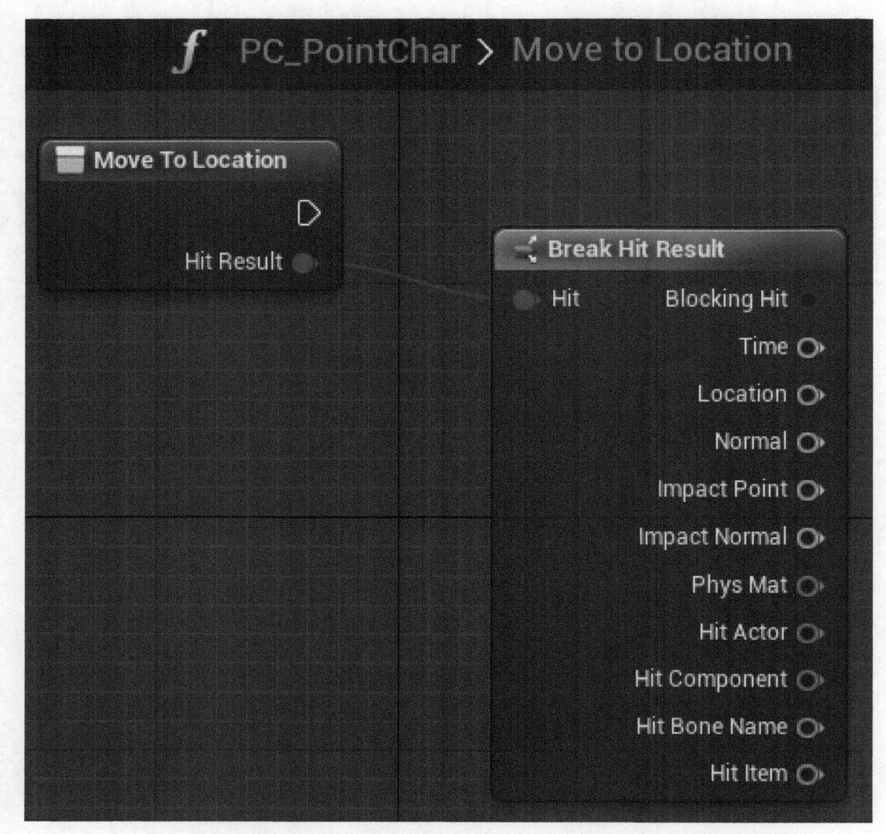

图 160　创建的 Break Hit Result 节点，并与 Hit Result 连接

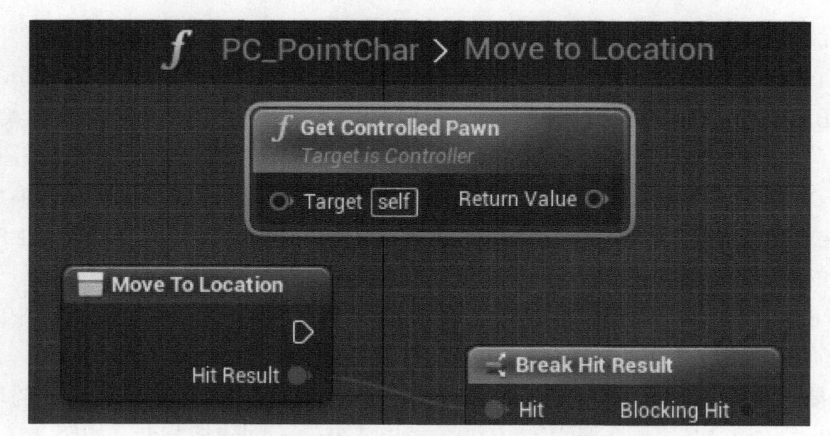

图 161　创建的 Get Controlled Pawn 节点

从这个节点可以很容易获得玩家的位置。具体操作是：单击 Return Value 的输出端，向右

拖拽打开 CBL，输入 Get Actor Location 创建该节点，如图 162 所示。Get Actor Location 节点将得到玩家的位置。

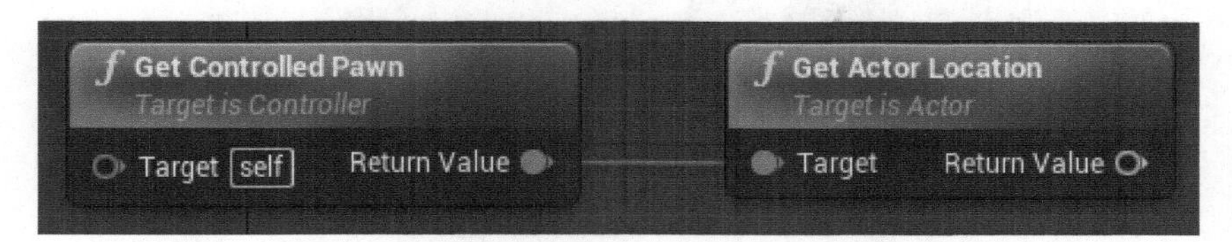

图 162　创建的 Get ActorLocation 节点

现在，我们已经获得了玩家的位置。接下来要做什么呢？让我们先思考下这两个信息：玩家的位置和从 Break Hit Result 节点得到的鼠标点击位置。能猜到如何操作这两个信息吗？两者相减！这是因为我们需要获得两者之间的距离，保证鼠标点击的有效位置不会距离玩家太近。

打开 CBL 创建 Vector – Vector 节点。将 Get Actor Location 节点的输出与 Vector – Vector 节点的左上方输入相连，将 Break Hit Result 节点的输出 Location 连接到 Vector – Vector 节点的左下方输入，如图 163 所示。

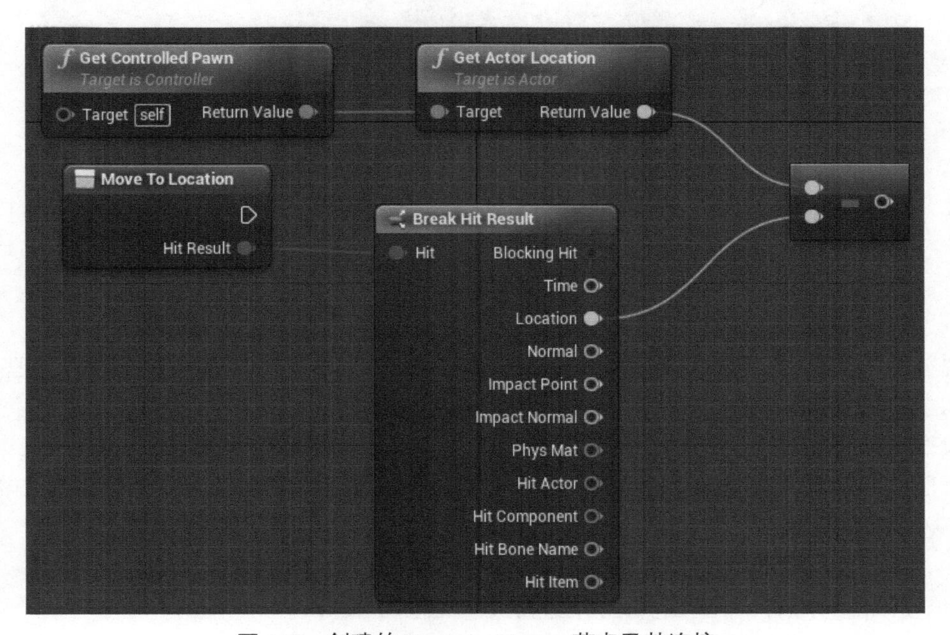

图 163　创建的 Vector – Vector 节点及其连接

我们已经得到了玩家与鼠标点击位置之间的距离向量。下面计算这个向量的长度，得到玩家到鼠标点击位置到底有多远。新建 Vector Length 节点实现这个功能，将其与 Vector – Vector 节点的输出相连，如图 164 所示。

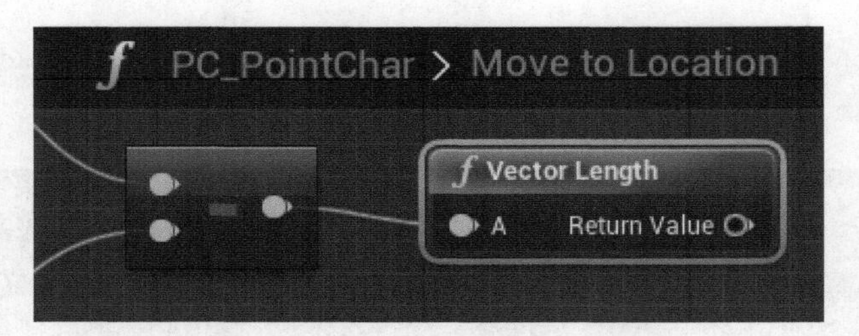

图 164　创建的 Vector Length 节点

比较 Vector Length 节点的输出值和我们设置的阈值。如果 Vector Length 节点的输出小于阈值，那么将不会执行代码。

创建 Float >=（浮点数大于或者等于）节点，将其输入与 Vector Length 的输出相连。Float >=节点下方的输入是阈值，也就是玩家与鼠标点击位置的最小距离，这里暂时设置为 120（之后还可以修改），如图 165 所示。

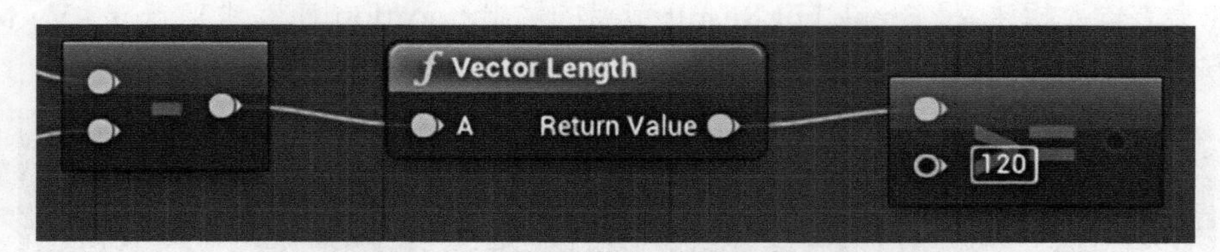

图 165　创建的 Float >=（浮点数大于或者等于）节点

此刻您可能已经意识到，节点输出端的颜色不仅仅是为了美观，还代表以下含意：

- 黄色 = Vector（向量）；
- 绿色 = Float（浮点）；
- 红色 = Bool（布尔型 True/False）。

现在您可能对我们正在讨论的 Vector（向量）、Float（浮点）和 Bool（布尔型）有些困惑。对于初学编程的读者来说，以为这些仅仅是令人混淆的词语。但是事实上，这些术语对您的冒险游戏很有帮助。

下面简单快速地解释这些变量的含义（在本书的最后，我会给出一个总结的表格，在 http://www.kitatus.co.uk 上可以下载）。

- Vector（向量）：游戏世界中一个对象的 XYZ 坐标（对象的位置）；
- Float（浮点）：0 到正负无穷之间的数（包括小数）；
- Integer（整数）：0 到正负无穷之间的数（不包括小数）；
- Bool（布尔型）：True（正确）或 False（错误）。

上述 4 个变量类型将是您在冒险游戏中最常用的，下面举例说明它们的使用情景：

- Vector（向量）：获得 Actor（例如玩家）在游戏世界中的位置，或者两个对象之间的距离（正如我们当前所操作的）；

- Float（浮点）：记录时间或者特定的值（例如速度为 1510）；
- Integer（整数）：菜单的选项（0 表示选项 A，1 表示选项 B，等等）；
- Bool（布尔型）：判断正确或者错误时使用，例如现在下雨吗，或者该角色是这样做吗？

当您知道了这些变量类型的含义时，它们就变得不那么可怕了。我将在本书的最后给出一个表格，也可以从 Kitatus 网站上免费下载，供您困惑时查阅。

返回到我们的项目。如果有一个布尔型的输出（True / False），应该将它连接到哪里呢？当然是 Branch（分支，输出是 True / False）节点。

使用 CBL 创建一个 Branch（分支）节点（或者键盘 B 键+鼠标左键单击），将其 Condition 与 Float >=节点的输出端相连，如图 166 所示。

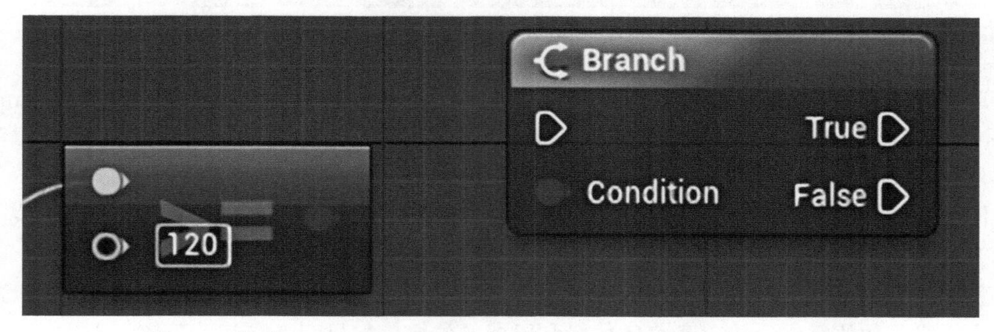

图 166　创建 Branch（分支）节点，并与 Float >=节点的输出端相连

注意，与我们之前创建的节点不同，函数中的 Branch（分支）节点有输入执行引脚。将其与紫色的 Move to Location 节点的输出执行引脚相连，如图 167 所示。

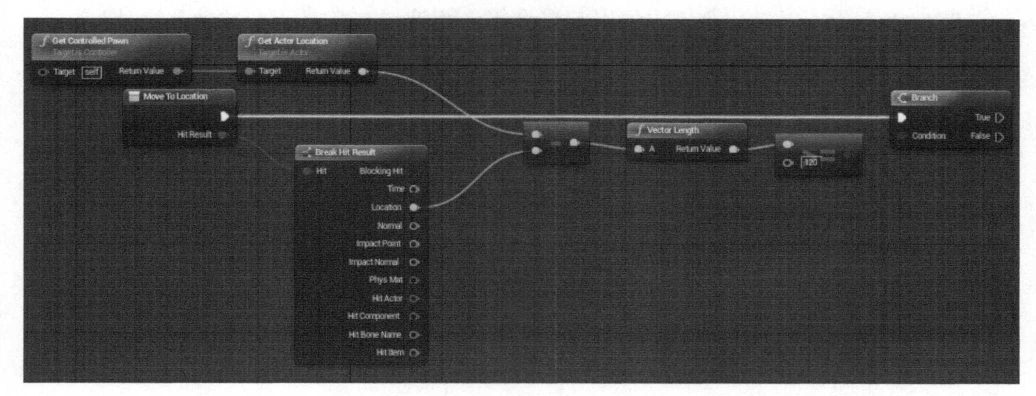

图 167　Branch（分支）节点的输入执行引脚与紫色的 Move to Location 节点的输出执行引脚相连

使用 Compact Blueprint Library 创建一个 Simple Move to Location 节点，将其与 Branch（分支）节点的输出 True 相连，如图 168 所示。

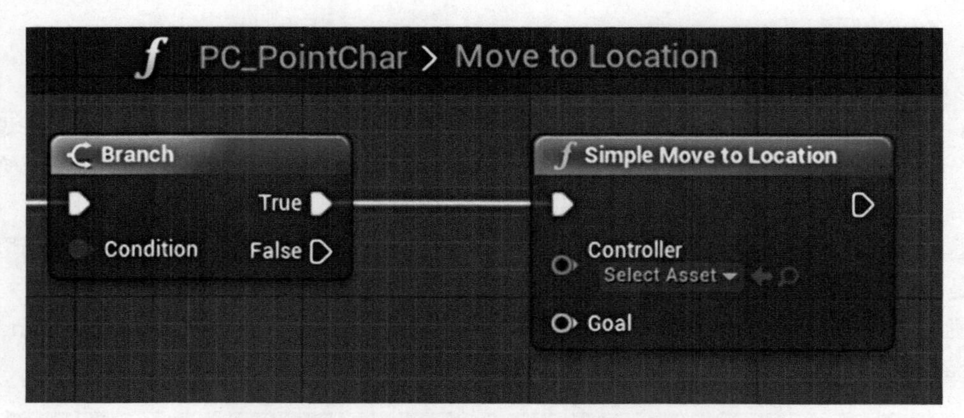

图 168　创建 Simple Move to Location 节点

单击 Simple Move to Location 节点的输入 Controller 并向左拖拽，打开 Compact Blueprint Library 后，输入 Self，选择 Get Reference to Self（获得一个到自身的引用）节点，目的是将玩家控制器所控制的玩家移动到指定的位置。

但是目前我们还没有指定位置。还记得 Break Hit Result 节点的输出 Location 吗？我们将其与 Vector – Vector 节点相连。

我们先简化下这段代码，看您能否指出 Simple Move to Location 节点的输入位置。这段代码为：当函数执行时，检查玩家的位置和鼠标的位置，如果两者之间的距离大于 120，那么将 Actor 移动到鼠标点击的位置。

猜到了吗？就是将 Break Hit Result 节点的输出 Location 与 Simple Move to Location 节点的输入 Goal 相连，如图 169 所示。虽然 Break Hit Result 节点的输出 Location 已经与 Vector – Vector 节点相连了，但是一个输出可以与多个输入相连，这就是蓝图的神奇之处！

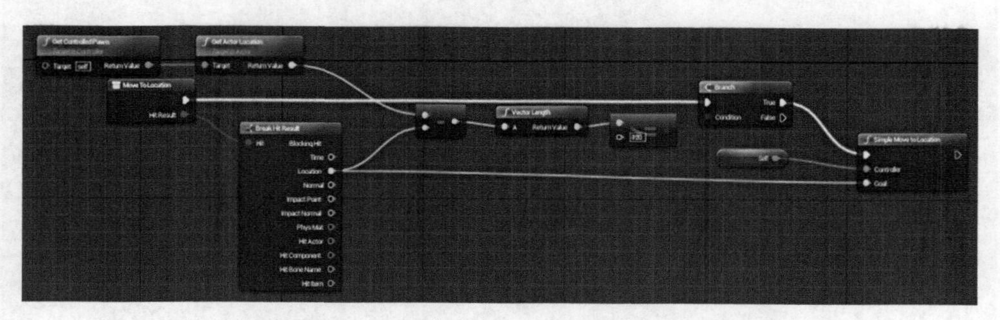

图 169　Simple Move to Location 节点输入 Goal 的连接方式

注意：如果图片在印刷本和电子书中看不清，可以到 http://www.kitatus.co.uk 网站上下载高清版本。

以上就是该函数的所有代码。您已经实现了第一个函数！下面前往 Event Graph（事件图表）让该函数工作起来！

第 14 步　玩家控制器事件图表，让函数工作起来

您是否注意到，虽然函数已经创建好，但是还没有触发事件，这使得 Event Graph（事件图表）成为蓝图设计中的重要部分。下面前往 Event Graph（事件图表，蓝图的主代码）。

可以通过以下两种方式前往 Event Graph（事件图表）：使用蓝图区域上方的选项卡进行切换，如图 170 所示，或者双击 Variable Library 中的 Event Graph（事件图表）。

图 170　切换到 Event Graph（事件图表）

现在，选择一种让您舒服的方式前往 Event Graph（事件图表）。在继续之前，我们先学习一个之前没有接触过的 Unreal Engine 4 基本知识：Project Settings（项目设置）。之所以要学习 Project Settings（项目设置），是因为我们将要设置用户自定义的 Input Action（输入动作），允许游戏中使用鼠标点击动作。

编译并保存蓝图，临时关闭蓝图，到 Unreal Engine 4 的主窗口。该窗口的中间显示场景，窗口上方的导航栏中有 File（文件）、Edit（编辑）、Window（窗口）和 Help（帮助）等菜单项，如图 171 所示。

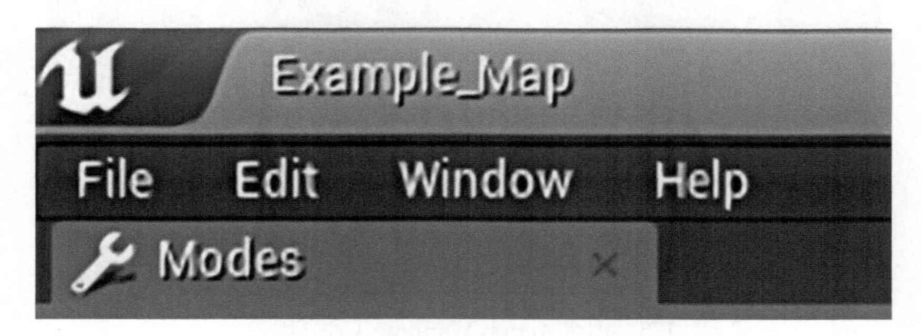

图 171　导航栏

单击 Edit（编辑）菜单，在下拉菜单中单击 Project Settings（项目设置）以加载 Project Settings（项目设置）窗口。该窗口中加载了关于项目的很多信息，之后我们会慢慢介绍到。现在，请使用左侧的导航面板找到 Engine >Input（引擎>输入），如图 172 所示。

单击 Input（输入）按钮打开 Input（输入）选项卡。在 Input（输入）选项卡中找到 Binding 部分，单击 Action Mappings 旁边的+按钮创建一个新的 Action Mapping（动作映射），如图 173 所示。

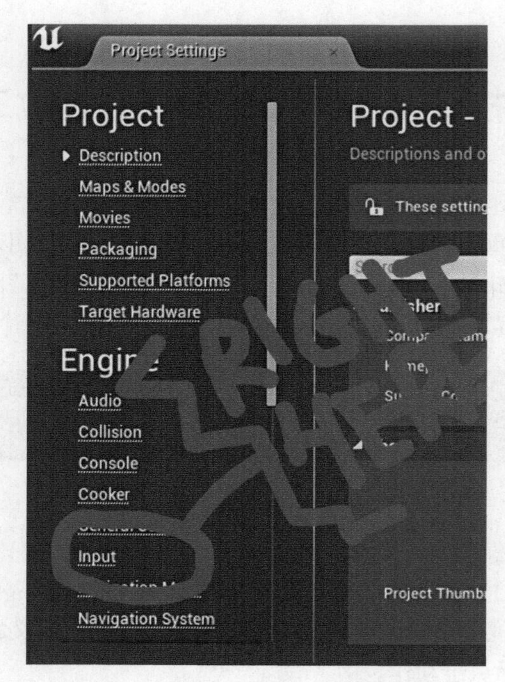

图 172　Engine > Input（引擎>输入）

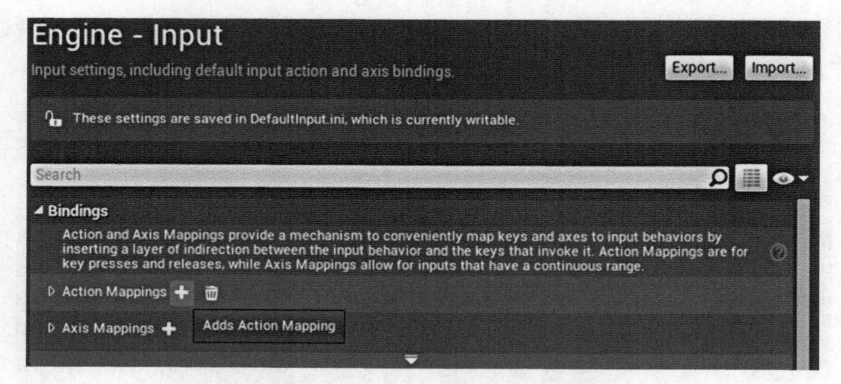

图 173　创建 Action Mapping（动作映射）

在 Action Mappings 的左侧有一个空心的方向朝右的箭头，单击该箭头显示当前的 Action Mapping（动作映射）：Jump 和 NewActionMapping_0。将 NewActionMapping_0 重命名为 LeftMouseClick，如图 174 所示。

LeftMouseClick 的左侧也有一个空心的方向朝右的箭头，单击该箭头设置 Input Action（输入动作）。如果您需要更多输入，单击 LeftMouseClick 右边的+按钮。将 None 修改为 LeftMouseClick（鼠标左键），如图 175 所示，这就是我们想要的设置。

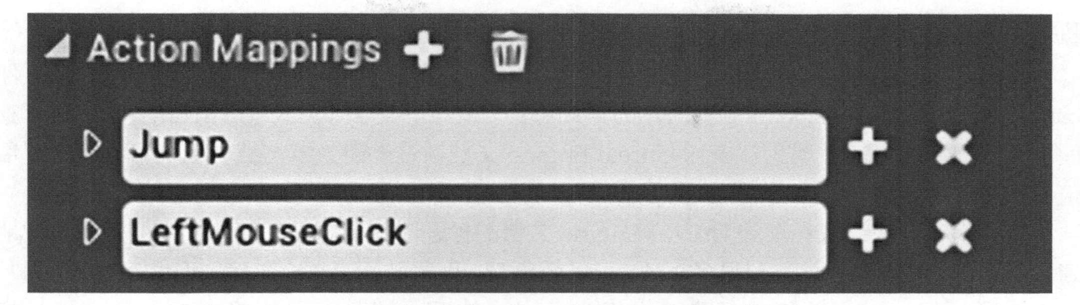

图 174　将 NewActionMapping_0 重命名为 LeftMouseClick

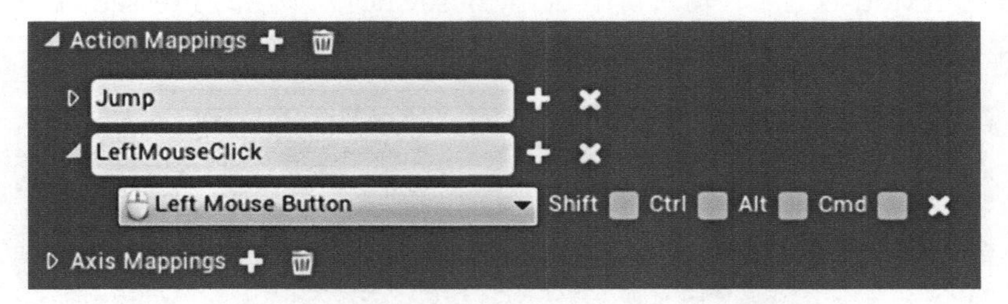

图 175　输入动作设置为 LeftMouseClick（鼠标左键）

关闭 Project Settings（项目设置），单击 File > Save（文件>保存）。

双击 Content Browser（内容浏览器）中 PC_PointChar，前往 PC_PointChar 蓝图。在 Event Graph（事件图表）中，使用 CBL 创建 LeftMouseClick（或者是您自定义的输入动作的名字）节点。如图 176 所示，可以看出该输入节点与普通的事件节点是一样的。

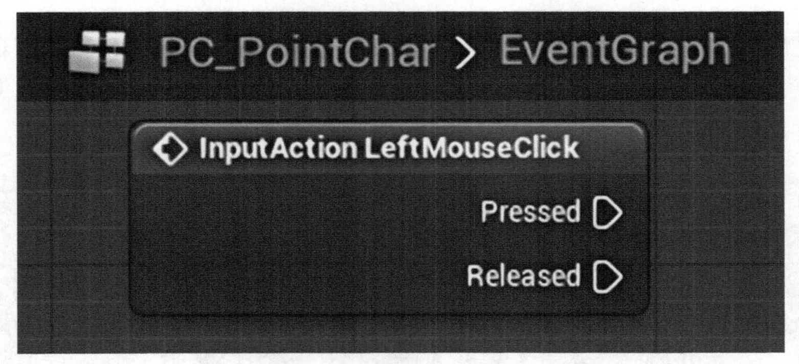

图 176　Input Action LeftMouseClick（输入动作 LeftMouseClick）节点

下面使用 Compact Blueprint Library 创建一个 Gate 节点。很难解释 Gate 节点，但是我还是努力尝试使用以下比喻来解释一下。

Gate 节点就好比交通灯，使用 Enter 引脚进入 Gate 节点，就好像赶上了红绿灯。可以使用执行引脚决定 Gate 是“开”还是“关”，“开”好比绿灯，“关”好比红灯。当绿灯时， Enter

执行触发将被迅速传递到 Exit。当出现红灯时，Enter 执行触发将一直延迟到绿灯亮。

希望上述解释能给您一个直观的概念。如果您还没有理解，请给我发邮件 contact@kitatusstudios.co.uk，我会尽力详细解释。此外，您可以在 Unreal Engine 网站上查阅相关文档。您可能发现我总提到 Unreal Engine 文档，这是因为该文档中包含了大量的有用信息，等待您去挖掘。

我相信，有些读者在读到 Unreal Engine 文档的标题时就会想这太简单了，但是我真诚地建议您仔细阅读，您会学习到很多东西。可以想象吗，我学习了该文档之后，可以写出这本书？

返回项目，这里的红绿灯是鼠标点击。鼠标按下是绿灯，鼠标没有点击是红灯。将 InputAction LeftMouseClick（输入动作 LeftMouseClick）节点的 Pressed 端与 Gate 节点的 Open 端相连，将 Released 端连接到 Close 端，如图 177 所示。

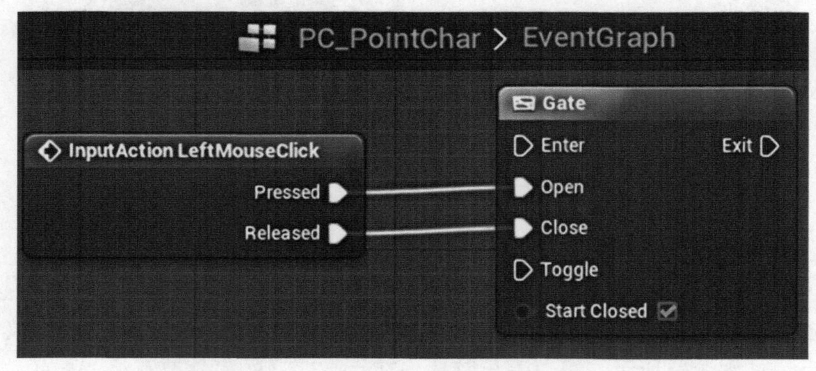

图 177　InputAction LeftMouseClick（输入动作 LeftMouseClick）节点与 Gate 节点的连接方式

现在将我们上一步创建的函数引入进来。从 Variable Library 中将 Move To Location 函数拖拽进来，或者使用 Compact Blueprint Library，将函数添加到 Event Graph（事件图表），如图 178 所示。

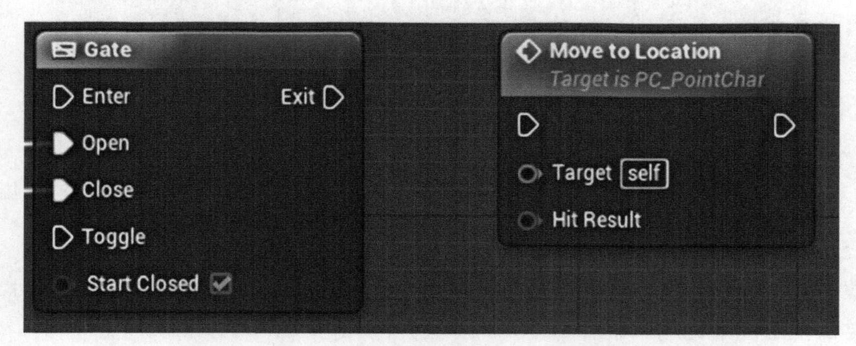

图 178　Event Graph（事件图表）中添加 Move To Location 函数

将 Gate 节点的 Exit 与 Move To Location 的执行输入相连。

还记得我们是如何将 Hit Result 作为 Move To Location 函数的输入吗？现在创建一个连接到 Hit Result 的节点。

因为鼠标点击的位置是通过光标获得的，所以打开 CBL，输入 Get Hit，选择 Get Hit Result Under Cursor by Channel 节点。将该节点的 Hit Result 连接到 Move to Location 的输入 Hit Result，如图 179 所示。

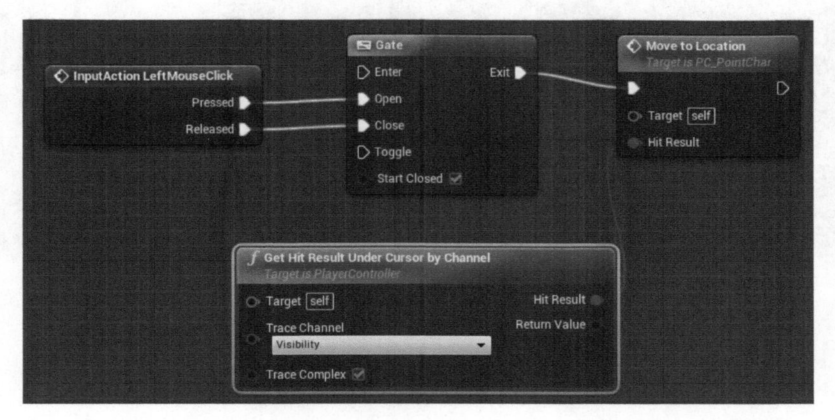

图 179　创建的 Get Hit Result Under Cursor by Channel 节点及其连接方式

蓝图中已经包含了绝大多数元素了，马上就要完成了，但是我们漏掉了很重要的一个：在最开始提到 Gate 节点时，我就将其比喻为交通系统。看看目前的代码，感觉是不是少了点什么？没错，当前还没有汽车进入 Gate。

那么汽车是什么呢？是每一个单独的帧。每一帧都要检查是否执行函数，或者锁定在 Gate 中。

还记得我们如何得到每一帧吗？通过 Tick Event 获得。使用 Compact Blueprint Library 创建一个 Event Tick 节点，将其连接到 Gate 节点的 Enter，如图 180 所示。

快速回顾一下这段代码：逐帧检查鼠标是否左键点击，如果是 60FPS，那么每秒检查 60 次。如果发生鼠标左键点击，那么将玩家移动到鼠标点击的位置。如果没有发生，则不用告诉玩家鼠标的位置。

编译保存，关闭蓝图，返回到 Unreal Engine 窗口。

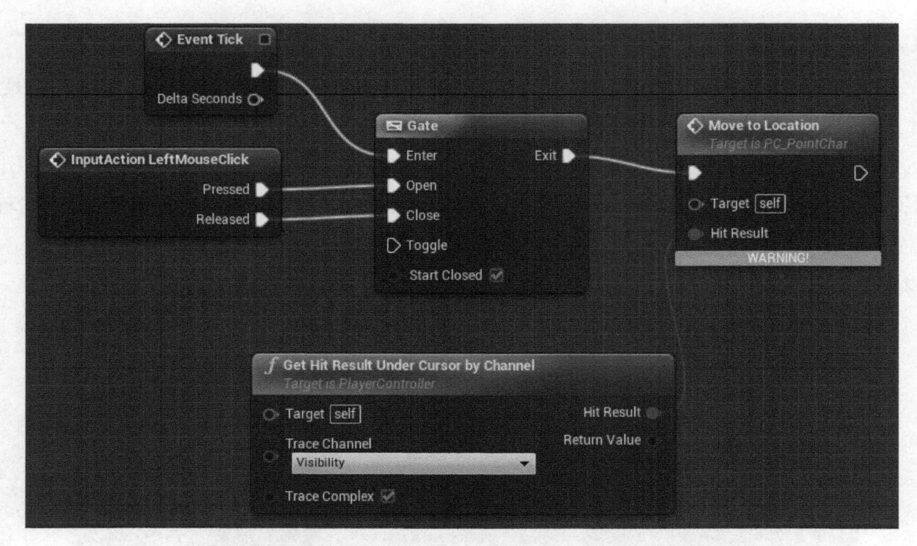

图 180　创建的 Event Tick 节点，将其连接到 Gate 节点的 Enter

第 15 步　鼠标不能移动玩家

如果您预览该游戏，就会发现鼠标并没有工作。不要着急，虽然我们已经写好了代码，但是漏掉了一些能让代码工作的重要设置：

1．设置新建的 Player Controller（玩家控制器）为 Active Player Controller（活动的玩家控制器）；

2．设置 Navmesh（将在第 17 步讲解）。

首先，将 Player Controller（玩家控制器）设置为 Active Player Controller（活动的玩家控制器）。再一次到 Content Browser（内容浏览器），在 PC_PointChar 蓝图所在的文件夹下创建一个新蓝图。这次打开 Pick Parent Class（选择父类）窗口时，选择 Game Mode（游戏模式），如图 181 所示。基于 Game Mode（游戏模式）模板新建蓝图。

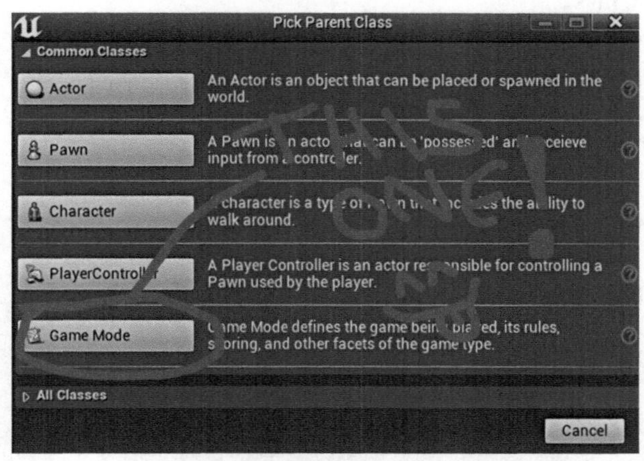

图 181　Pick Parent Class（选择父类）窗口中选择 Game Mode（游戏模式）模板

该蓝图不需要任何代码，仅仅修改一两处设置即可！

将 Game Mode（游戏模式）蓝图重命名为 GM_ArtOfBP（或者类似的名字），双击打开该蓝图。当前处于 Compnents（组件）选项卡。因为这是 Game Mode 蓝图（不是 Actor 或其他），所以不需要任何的组件编辑。

很多读者会立即使用右上方的导航按钮切换到 Graph（图表）视图。但是这次是使用该导航按钮切换到 Defaults（默认值）视图，如图 182 所示。

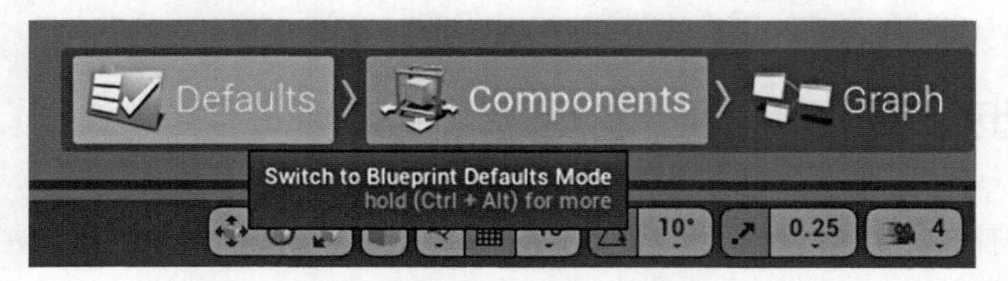

图 182　视图选项卡切换

乍一看，该视图中的内容有些混乱，但其实非常简单。位于上方名为 Classes 的选项中有 5 个子项：

- Default Pawn Class；
- HUD Class；
- Player Controller Class；
- Spectator Class；
- Game State Class。

每一个子项有一个下拉按钮，里面有默认值。这里只需要将 Player Controller Class 设置为 PC_PointChar，具体操作是单击默认值为 Player Controller 的灰色下拉框，选择下拉菜单中的 PC_PointChar。此外，将 Default Pawn Class 从 DefaultPawn 修改为 MyCharacter，如图 183 所示。

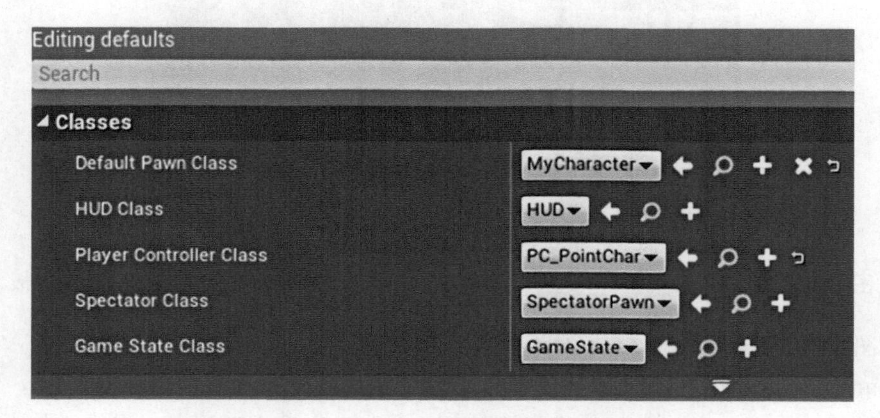

图 183　Game Mode（游戏模式）的设置

上述就是我们需要在该蓝图中逐条设置的全部内容，编译保存。下一步将该蓝图设置为 Active Game Mode（活动游戏模式），关闭该蓝图，返回 Unreal Engine 4 主窗口。

第 16 步　激活游戏模式

还记得如何打开 Level Blueprint（关卡蓝图）吗？使用场景视图上方的蓝图按钮。之所以提这个，是因为我们需要找到蓝图菜单。Blueprints（蓝图）按钮位于 Unreal Engine 窗口场景视图的上方，Settings（设置）按钮和 Matinee 按钮之间，如图 184 所示。

图 184　Blueprints（蓝图）按钮位置

单击 Blueprint（蓝图）按钮，选择 Project Settings（项目设置）类别下面的 GameMode: Edit MyGame（游戏模式：编辑 MyGame）选项，如图 185 所示。

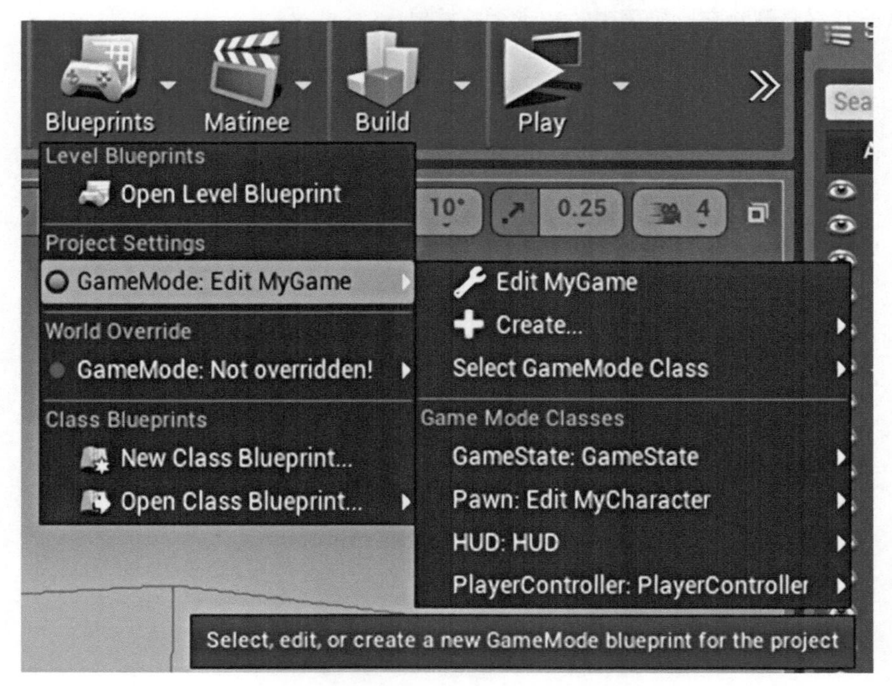

图 185　菜单选择 1

在弹出的子菜单中，选择 Select GameMode Class（选择 GameMode）选项，继续选择 GM_ArtOfBP（或者是您所命名的 GameMode 蓝图），如图 186 所示。

图 186　菜单选择 2

我们已经将新建的 GameMode 添加到游戏中了，但是如果现在测试项目，您会发现没有任何变化。这是因为在我们的 Player Controller（玩家控制器）中使用了一个特定的节点：Simple Move to Location 节点。该节点对于我们要实现的功能（将玩家移动到鼠标点击的位置）很重要，所以千万不要删除它。接下来的一步至关重要。

第 17 步　NavMesh

一些细心的读者可能会发现，当使用 CBL 创建节点时，有一个类别是 AI。创建该类节点是为了将 AI（Artificial Intelligence，人工智能，指的是电脑控制的角色，又名敌人）移动到特定的位置。我们将添加一些该类节点到我们的项目中，该类节点的使用方式与之前我们创建的节点会有所不同。

下面我们来创建 NavMesh，当前只需要知道：NavMesh 代表 Navigation Mesh，并告诉电脑控制的角色可以到达游戏世界中的哪里，不可以到达哪里。

为了创建 NavMesh，首先需要创建 Nav Mesh bounds volume。使用 Modes（模式）工具箱，将 NavMesh bounds 拖拽到编辑器中，类似操作 BSP（创建墙）和 Trigger Volume（触发体）。添加 Nav Mesh bounds 之后，使用几何编辑工具设置其大小（类似操作 BSP 和 Trigger Volume），让其覆盖场景中的所有地面以及可以步行到达的表面。

下面马上实现上述操作。前往编辑器左上方的 Modes（模式）工具箱，使用 Search Classes（搜索类别）搜索框查找 Nav Mesh bounds volume，如图 187 所示。

图 187　在 Modes（模式）工具栏中搜索 Nav Mesh bounds volume

将 Nav Mesh bounds volume 拖拽到场景中，使用几何编辑工具设置其大小，让其覆盖地图的所有地面，如图 188 所示。

图 188　调整 Nav Mesh bounds volume 的大小使其覆盖地图的所有地面

创建完 NavMesh 之后，就可以编译该项目了。还记得之前单击 Build（版本）按钮来编译光照和其他设置吗？单击 Build（版本）按钮将自动编译项目，意思是编译当前的光照和之后我们将涉及到的其他设置。

NavMesh 是这些设置中一个示例！仅仅需要编译一次将 NavMesh 激活。编译完之后，场景中将创建一个 Recast NavMesh 对象，之后可以随时使用它来更新 NavMesh！

单击 Build（版本）按钮，该按钮在场景的上方，Blueprints（蓝图）按钮的右边，如图 189 所示。

图 189　Build（版本）按钮位置示意

编译地图将花一点时间。编译完之后，您也看不到任何变化。别担心，NavMesh 应该已经能工作了，但是我们还是要检查一下地图上是否有遗漏的地方，或者玩家不能到达的地方。具体操作是鼠标单击场景视图，然后按下键盘上的 P 键。这时，您将看到地面上出现绿色的图层，或者红色的图层（NavMesh 设置错误的时候将出现），如图 190 所示。

图 190　检查结果示意图

如果您看到的是全绿色？说明 NavMesh Bounds 的大小合适，非常棒！如果出现红色，那么需要使用几何变换工具调整 NavMesh Bounds 的大小使其覆盖所有地面。

现在已经编译完 NavMesh，我们已经激活 Player Controller（玩家控制器）和用户自定义的 GameMode（游戏模式）。

开始预览您的项目吧！这时，您会发现很难找到鼠标光标。但是只要鼠标点击位置离玩家的距离足够大，玩家就能移动到鼠标点击的位置！

现在我们来解决鼠标不可见的问题，有两种方式：第一种显示鼠标本身，或者在游戏世界中添加一些东西来显示玩家将要移动的位置；第二种方式听起来很酷，下一步我们就来实现这种方式！

第 18 步　那就是我要去的地方

首先鼠标点击场景视图，然后按下键盘 P 键取消地面上的绿色图层。

现在前往 Content Browser（内容浏览器）。还记得我们最开始新建项目的时候吗？新建项目时，我们选择了 With Starter Content（包含初学者内容），意思是项目中包含许多易于操作的网格和对象，我们可以用来做原型设计！

在 Content Browser（内容浏览器）中，前往 GAME > Starter Content > Architecture 文件夹下，如图 191 所示。

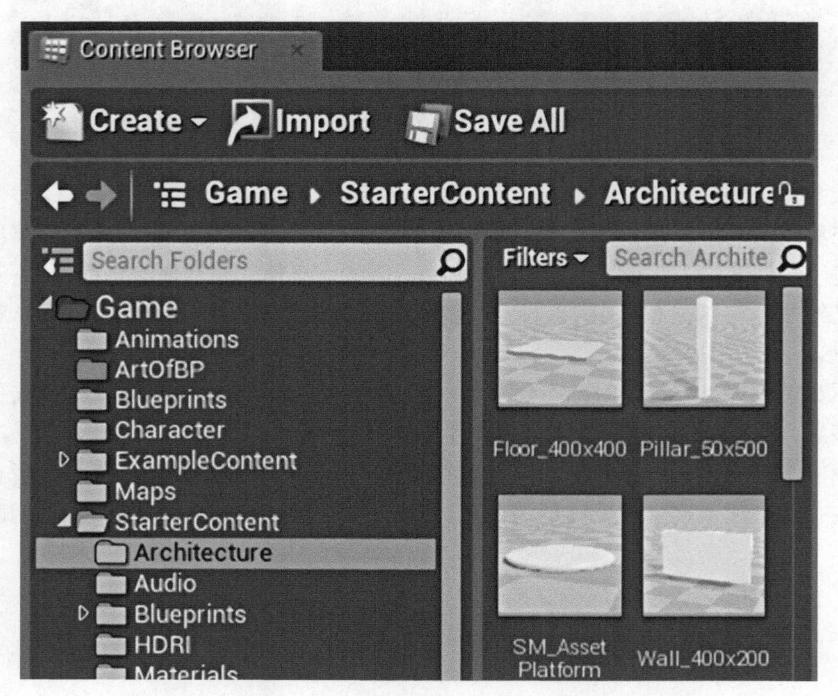

图 191　GAME > Starter Content > Architecture 文件夹

在该文件夹下，我们看见一个类似 UFO 的盘子（名为 SM_AssetPlatform）吗？单击将其拖拽到场景中，这就是我们的鼠标定位器！在对其添加代码之前，我们进行一些设置！选中场景中新建的 SM_AssetPlatform 之后，场景右下方 Details（细节）面板的内容如图 192 所示。

首先将 Mobility（移动性）从 Static（静态的）修改为 Movable（可移动），如图 193 所示。这是什么意思呢？Static（静态的）意思是对象不能移动，而 Movable（可移动）意思是对象可以移动。

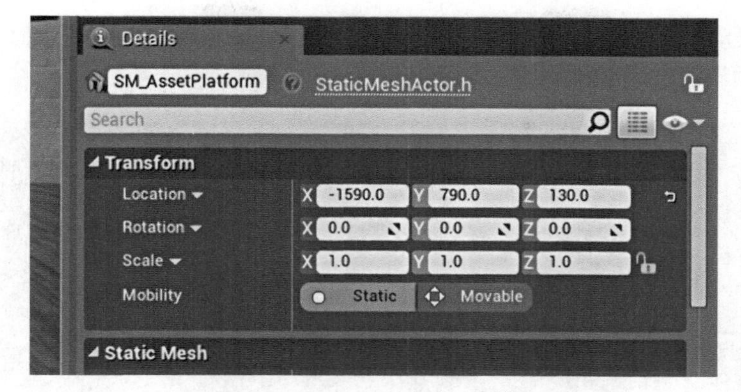

图 192　Details（细节）面板

图 193　将 Mobility（移动性）从 Static（静态的）修改为 Movable（可移动）

向下滚动 Details（细节）面板，直到看到 Lighting 部分。在该部分，设置 Cast Shadow 为非选中状态，也就是其旁边的小方格内是空的，如图 194 所示。

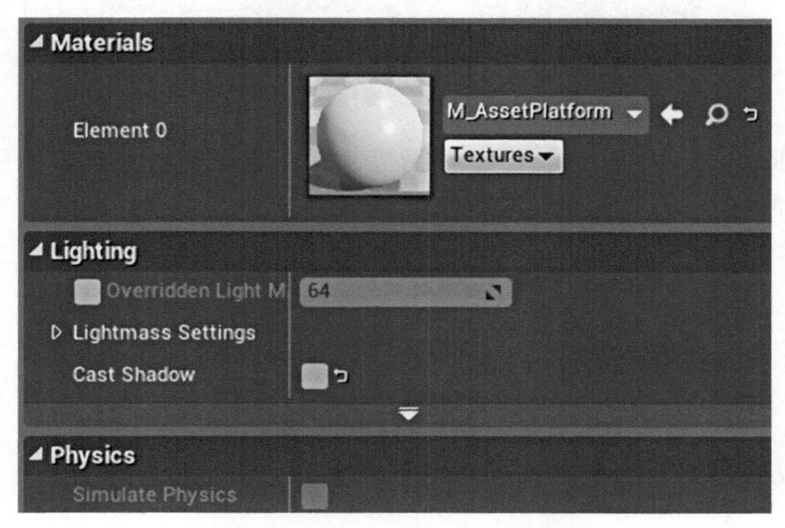

图 194　Cast Shadow 设置为非选中状态

继续向下滚动 Details（细节）面板，直到看到 Collison 部分。当前，您会看到 Collision Presets（碰撞预设值）为 BlockAll，如图 195 所示。

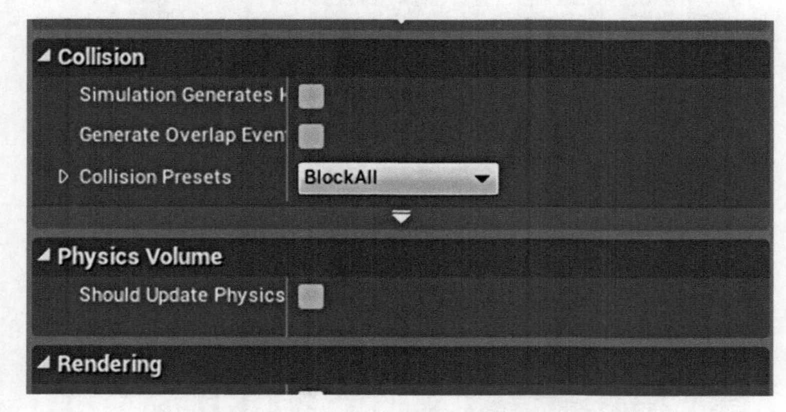

图 195　Details（细节）面板的 Collison 部分

因为我们想禁止这个 UFO 的碰撞检测，所以单击当前值为 BlockAll 的下拉菜单，将其设置为 NoCollision，如图 196 所示。

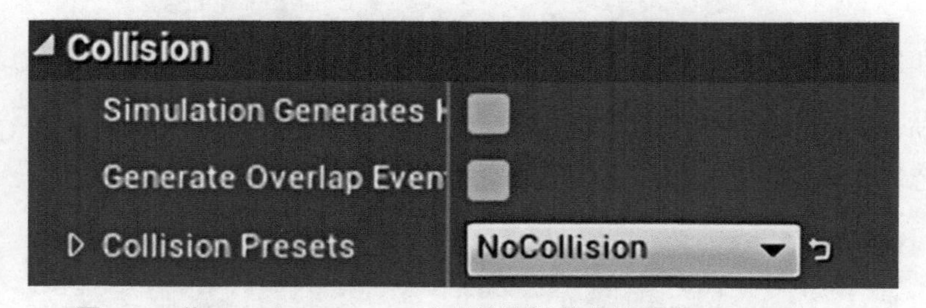

图 196　将 Collision Presets（碰撞预设值）设置为 NoCollision

选择 File > Save All（文件>保存所有）保存项目。再次选中场景中的 UFO（SM_AssetPlatform），在 SM_AssetPlatform 选中的状态下前往 Level Blueprint（关卡蓝图）。

我们接下来要创建的所有节点在之前的步骤中都介绍过，所以我将加快讲解速度。如果您有任何问题，可以返回到之前的步骤中寻找答案！

在 Level Blueprint（关卡蓝图）中，新建两个节点 Get Player Character 和 Get Player Controller，如图 197 所示。

新建一个 Get Actor Location 节点，将其输入与 Get Player Character 节点的 Return Value 相连。再新建一个 Vector - Vector 节点，将其左上方的输入与 Get Actor Location 节点的输出相连，如图 198 所示。

图 197　新建的两个节点 Get Player Character 和 Get Player Controller

图 198　新的建 Get Actor Location 节点和 Vector - Vector 节点及其连接方式

单击 Get Player Controller 节点的 Return Value，并向右拖拽打开 Compact Blueprint Library，输入 Get Hit Result，选择 Get Hit Result Under Cursor By Channel，新建节点，如图 199 所示。

图 199　新建的 Get Hit Result Under Cursor By Channel 节点

再次打开 CBL，勾选掉 Context Sensitive（情境关联），输入 Break Hit Result 新建节点。创建完该节点之后，再次打开 CBL，重新勾选上 Context Sensitive（情境关联）。

将 Get Hit Result Under Cursor By Channel 节点的 Hit Result 与 Break Hit Result 节点的 Hit 相连，如图 200 所示。

还记得我们之前创建的 Vector – Vector 节点吗？将 Break Hit Result 节点的 Location 输出与 Vector – Vector 节点的左下方输入相连，如图 201 所示。

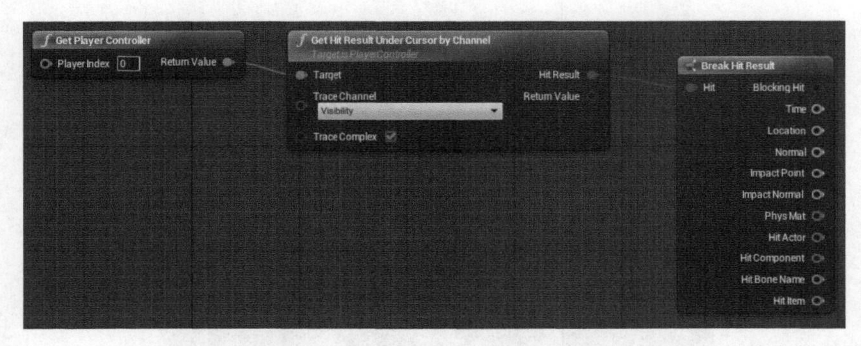

图 200　Get Hit Result Under Cursor By Channel 节点与 Break Hit Result 节点的连接方式

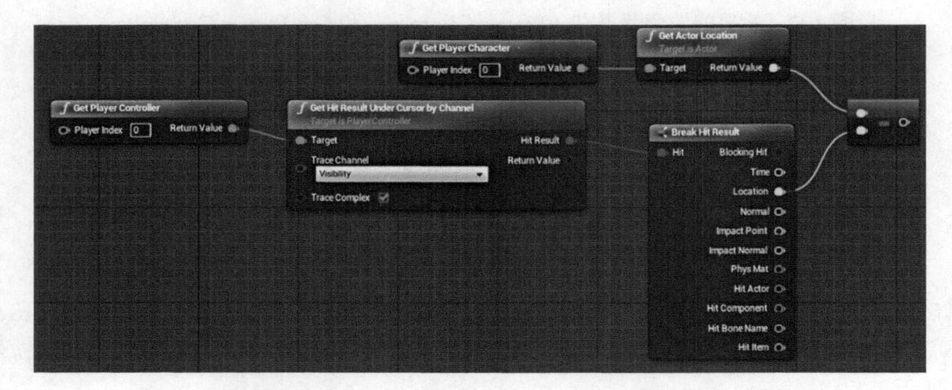

图 201　Break Hit Result 节点与 Vector – Vector 节点的连接方式

新建一个 Vector Length 节点，将其与 Vector – Vector 节点的输出相连，如图 202 所示。

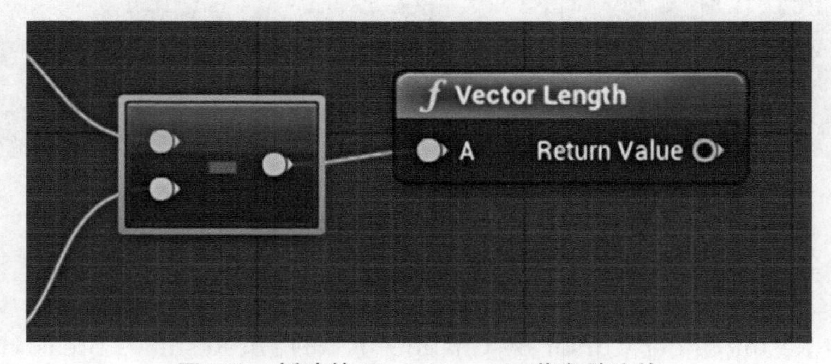

图 202　新建的 Vector Length 节点并连接

正如我们之前创建函数的过程一样，新建一个 Float >=节点（浮点数大于或等于），将 Vector Length 节点的输出与 Float >=节点的左上方输入相连。

在 Float >=节点的左下方输入手动输入 120，要与 Player Controller 函数中设置的数字一致，如图 203 所示。

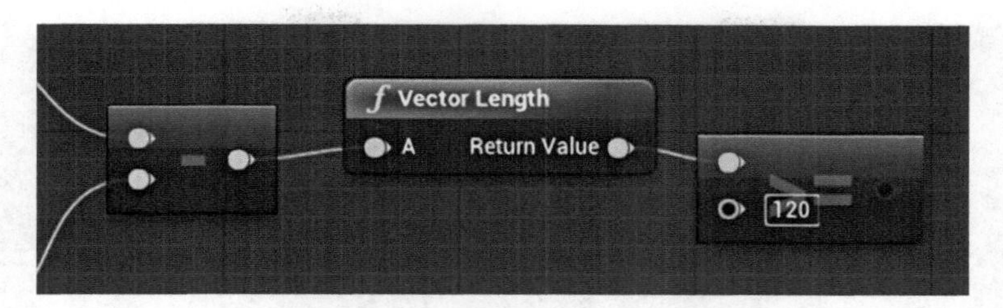

图 203　Float >=节点的输入设置

使用键盘 B 键+鼠标左键，或者使用 compact blueprint library 新建一个 Branch（分支）节点，将其 Condition 与 Float >=节点的输出相连，如图 204 所示。

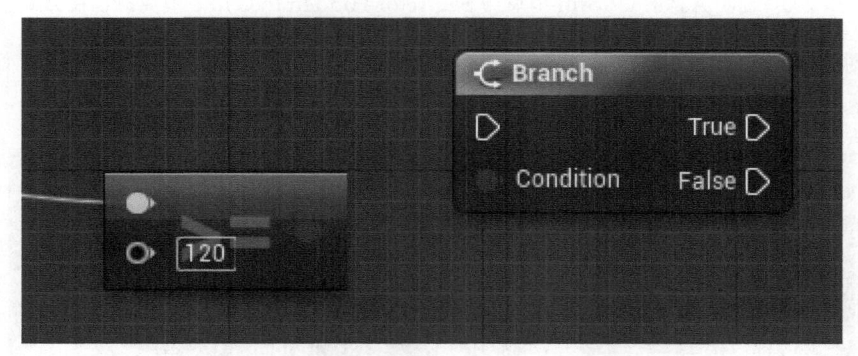

图 204　新建的 Branch（分支）节点并连接
（别担心：我们一会儿设置该节点的另外一个输入）

上述这段代码与之前创建的 Player Controller（玩家控制器）函数有一些相同的地方！我们完全可以将函数中的代码复制粘贴到 Level Blueprint（关卡蓝图）中，但是没有这么做的一个原因是：重复这样的操作可以帮助您强化记忆。

返回代码，下面创建最后一点代码使我们的 UFO 移动到鼠标点击的位置。使用 Compact Blueprint Library 新建一个 Set Actor Hidden in Game 节点，将 SM_AssetPlatform 节点连接到该节点的 Target。

如果蓝图中没有 SM_AssetPlatform 节点，没关系，再次打开 CBL，输入 Add Reference，选择 Add Reference to SM_AssetPlatform。如果没有这个选项，那么返回到 Unreal Engine 的主窗口，选中场景中的 SM_AssetPlatform。

将 SM_AssetPlatform 节点连接到 Set Actor Hidden In Game 节点的 Target 输入，如图 205 所示。

图 205　SM_AssetPlatform 节点与 Set Actor Hidden In Game 节点的连接方式

复制图 205 所示代码，这时蓝图中有两个 Set Actor Hidden in Game 节点和两个连接到其 Target 输入的 SM_AssetPlatform 节点，如图 206 所示。

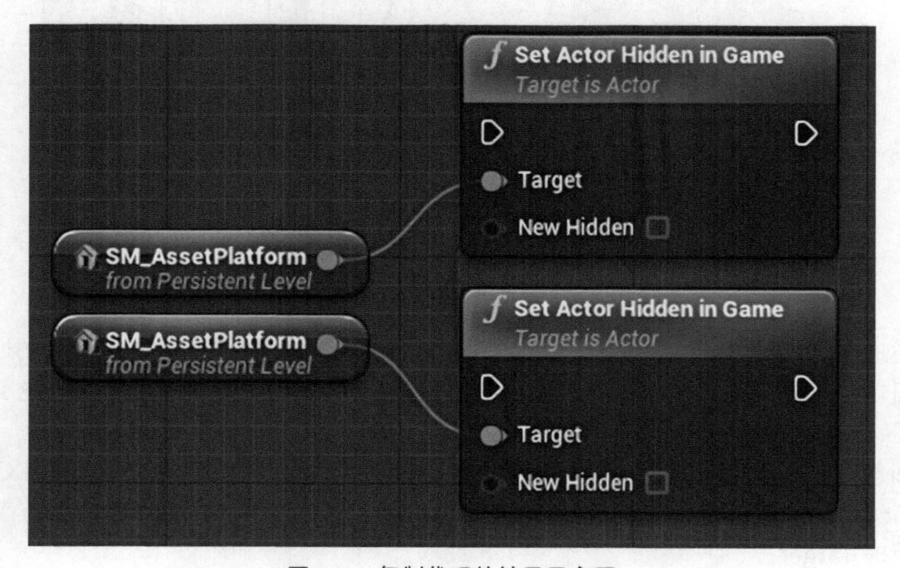

图 206　复制代码的结果示意图

您看到 Set Actor Hidden in Game 节点 New Hidden 旁边的空的勾选框了吗？意思是在游戏中是否隐藏它。将上方的 Set Actor Hidden in Game 节点设置为真（勾选框为选中状态），下方的 Set Actor Hidden in Game 节点设置为空，如图 207 所示。

将上方的 Set Actor Hidden in Game 节点（New Hidden 设置为真）的输入执行引脚连接到 Branch（分支）节点的 False（错误）输出引脚，如图 208 所示。

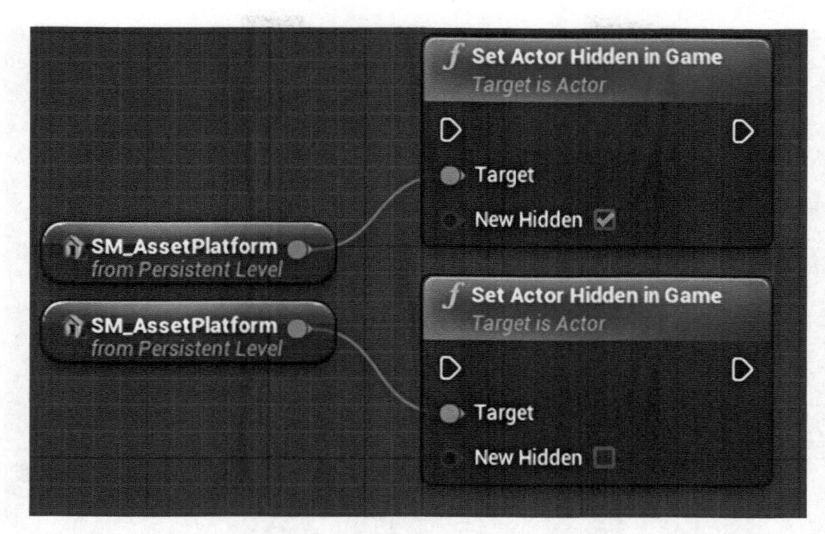

图 207　两个 Set Actor Hidden in Game 节点 New Hidden 的设置状态

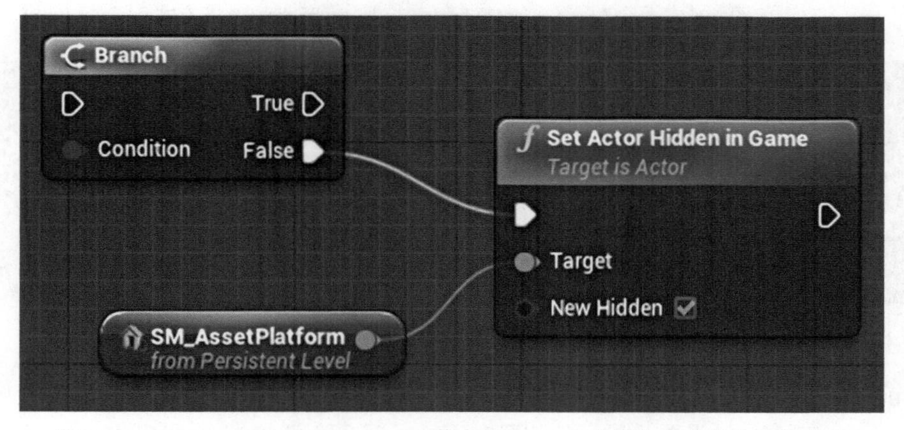

图 208　Set Actor Hidden in Game 节点与 Branch（分支）节点的连接方式

我相信您可以猜到另外一个 Set Actor Hidden in Game 节点（NewHidden 没有勾选）会连接到哪里。没错，连接到 Branch（分支）节点的 True（正确）输出，如图 209 所示。

找到与 Branch（分支）节点 True（正确）连接的 Set Actor Hidden in Game 节点，从其输出引出，新建一个 Set Actor Location 节点。正如之前的操作，SM_AssetPlatform 将自动连接到该节点的 Target 输入，如图 210 所示。如果没有，那么手动添加。

还记得 Break Hit Result 节点吗？将该节点的 Location 输出与 Set Actor Location 节点的 New Location 输入相连。

我们的代码快要创建完了！我们快速分析下代码，找出还缺什么。

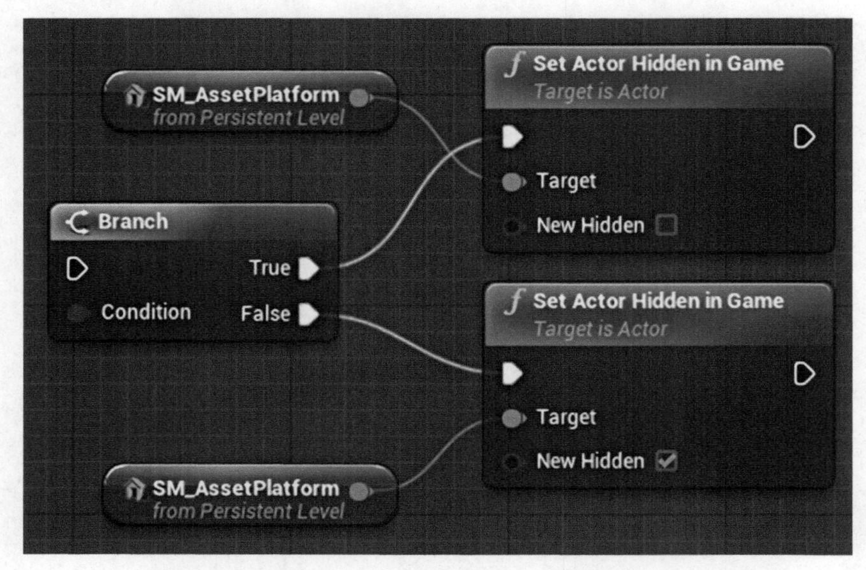

图 209　两个 Set Actor Hidden in Game 节点的连接方式

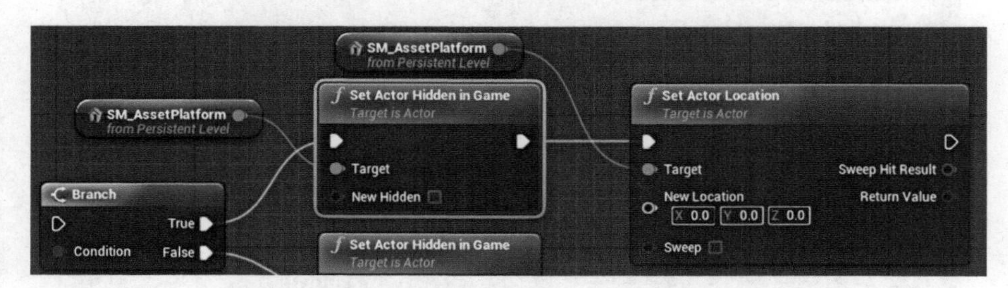

图 210　新建的 Set Actor Location 节点及其连接方式

“当前鼠标的位置是什么？玩家在哪？两者之间的距离是多少？距离大于 120 个单位吗？是将 SM_AssetPlatform 设置为鼠标的位置？不是？那么隐藏 SM_AssetPlatform，不进行任何操作。”

注意到缺什么了吗？浏览一遍代码，看您是否可以找出来！没错，当前没有事件能够触发这段代码，所以代码不能执行！

那么我们需要什么事件呢？我们要求能够实时触发代码，所以需要 Event Tick。马上创建一个 Event Tick 节点，并将其与 Branch（分支）节点的输入执行引脚相连，如图 211 所示。

我们已经完成了这个蓝图！编译项目并测试，检查代码是否按照我们的预期执行：当鼠标点击时，玩家能知道将移动到哪里；最终点击后，玩家将移动到这个位置！

非常好！我们已经能实现这么了不起的操作了！尽管现在已经很像点击交互式游戏了，但是我们还远没有达到那个水平。

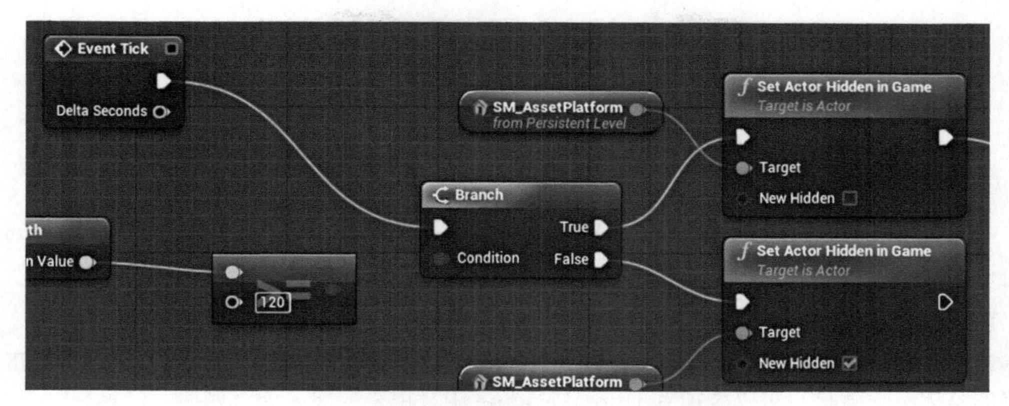

图 211　新建的 Event Tick 节点及其连接方式

下一步针对门实现将玩家锁在房间外面。实现该操作之后，我们就可以添加迷宫等好玩的东西，给他们一个目标和任务。到该功能为止的所有操作以及剩下的项目文件都可以从 http://content.kitatusstudios.co.uk 或 http://www.kitatus.co.uk 网站上下载。如果您的代码没有正常工作，请将您的蓝图与我的蓝图进行比较！

第 19 步　实现锁定

我们的项目进行得很顺利。下面我们将创建用户可以控制开关的门！

为了本书的完整性，我们先介绍一个知识：将 BSP 转为真实的纹理！如果这两个术语听起来有些困惑，别担心。

BSP：临时的几何体，效果上有所欠缺，但是适合快速创建您的关卡和场景！

Mesh：静态网格，游戏世界中的几何形体（包含多边形），可以把它们想象成乐高积木块。网格的整体概念就是：可以添加到 Unreal Engine 中，用来创建关卡（如墙、门等）。

在本书的第 4 步，我们使用 BSP 创建墙壁，现在我们使用同样的系统来创建门。然后将其转换为 Static Mesh（静态网格），再引入到蓝图中，这样就可以添加代码，让其按照我们定义的方式运行了！

我们马上行动。之前我们介绍过如何创建 BSP，这里简要回顾一下：

前往 Unreal Engine 的主窗口中左上方的 Modes（模式）工具栏，您可能需要拖拽 Modes（模式）工具栏，使其变大以显示所有选项。选择 BSP 菜单选项，单击 Box 按钮，将其拖拽到场景中。然后使用几何编辑工具改变盒子的形状，修改成所需要的形状。

我强烈建议您，返回到第 4 步再复习一遍，因为那里介绍了许多 BSP 的重要知识，例如当在几何编辑模式下，请不要移动 BSP，因为可能会无意中改变了对象的形状！

在本步骤中，我们创建一扇门。所以将 BSP Box（盒体）移到门口，使用几何编辑工具，修改其大小直到覆盖门框，不要留任何空隙，如图 212 所示。

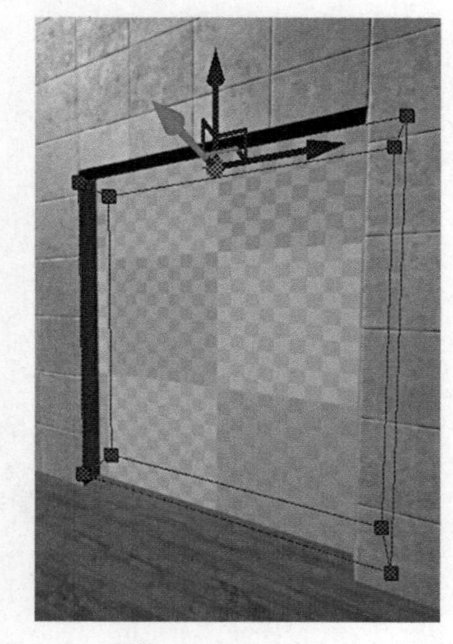

图 212　调整 BSP Box（盒体）的大小

我们只实现上述操作一次。之后我们为其生成蓝图，实现物体和代码的复用。如果已经调整好 BSP 的形状，那么退出几何编辑模式，再次选中 BSP（首先确保已经退出了几何编辑模式）。

第 20 步　将 BSP 转为静态网格

还记得 Unreal Engine 主窗口右边的 Details（细节）面板吗？如果您选中了 BSP，将会看到如图 213 所示的界面，里面包括 Brush Settings 等类别。

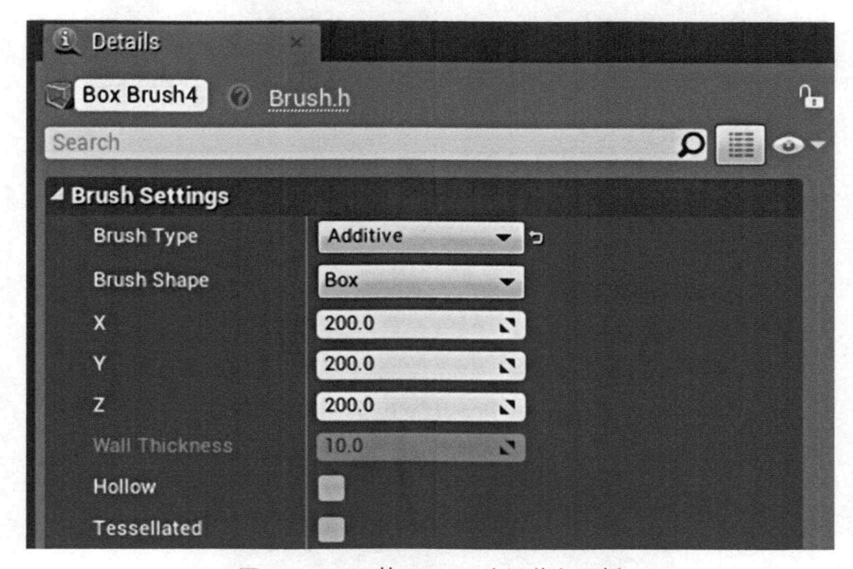

图 213　BSP 的 Details（细节）面板

下面我们将 BSP 转为静态网格。最终实现项目时，这将是一个特别方便的方法。这里列举以下原因。

1．将一个 BSP 转为一个静态网格或者多个 BSP 转为一个静态网格之后，可以将其导入到任何 3D 项目中，用到最终的 3D 作品中！

2．将 BSP 转为静态网格可以提升视觉效果。

3．静态网格可以导入到一些软件中，如 Substance Painter (或者 3DO / DDO)，在 3D 项目的基础上添加漂亮的 2D 装饰！

将 BSP 转为静态网格，注意完成如下几步操作。首先在 Details（细节）面板中打开隐藏的选项，再看一下 Brush Settings 部分，如图 214 所示。

在 Hollow 和 Tessellated 选项下面，有一个很小很小的向下箭头。单击该箭头打开隐藏的选项，如图 215 所示。

打开隐藏选项后，您将会看到 Create Static Mesh（创建静态网格物体）按钮，单击该按钮，弹出如图 216 所示的对话框。

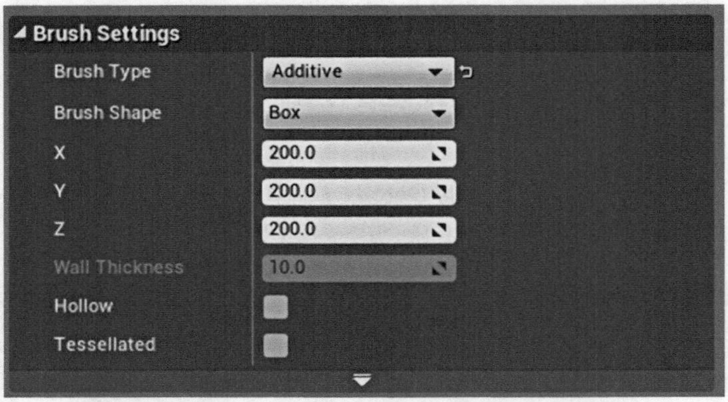

图 214　Details（细节）面板中的 Brush Settings

图 215　打开 Brush Settings 的隐藏选项

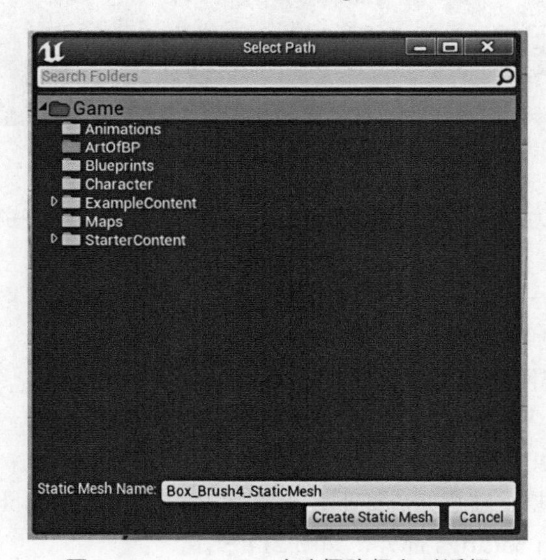

图 216　Select Path（选择路径）对话框

在该对话框中选择静态网格物体在 Content Browser（内容浏览器）中的存储路径，并给静态网格物体命名。下面选择 ArtofBP 文件夹，并将静态网格物体命名为 SM_Door。完成后，您会发现当前门的样子有些奇怪。

第 21 步　无效的光照映射

如图 217 所示，门是灰的，不仅如此，上面还写满了“Invalid Lightmap Settings”字样。不要惊慌，这很正常，这是将 BSP 转为静态网格时经常会发生的事情。

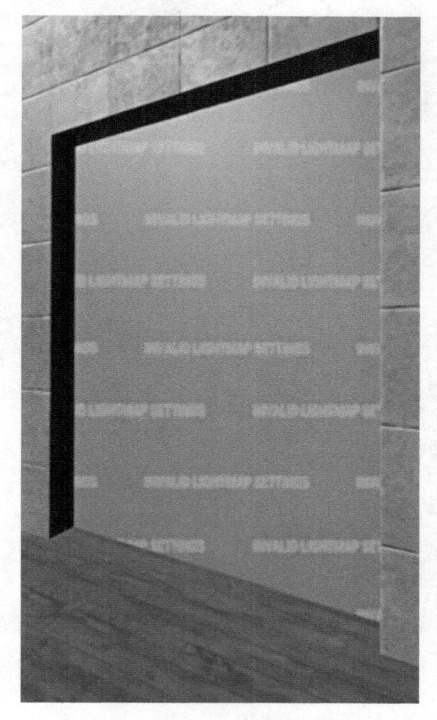

图 217　门的静态网格

为什么呢？因为 Unreal Engine 将 BSP 转为静态网格时，Lightmap Resolution（光照贴图分辨率）默认设置是 0。

什么是 Lightmap（光照映射）？它保存了所有的光照数据，包括物体上的所有阴影、扩散和反射等。

Unreal Engine 4 作为强大的工具，计算所有的光照映射。对于我们来说，这节省了时间和开销。然而，当 BSP 转为静态网格时，Unreal Engine 4 并不知道所需要的光照映射的细节。虽然细节不多，但是仍需要一些。

下面我们为静态网格设置光照映射。前往 Content Browser（内容浏览器）窗口，到 ArtOfBP 文件夹（存放静态网格的文件夹）下，双击 SM_Door 打开静态网格编辑器。

静态网格编辑器看起来既熟悉又陌生。这里面的一些内容我们之前介绍过，但是这里换了一种呈现方式，看起来有些复杂。别担心，正如我们之前所体会到的，Unreal Engine 4 中的内容总是看起来比实际更复杂。

在静态网格编辑器中，看到右边的 Details（细节）面板了吗？到该面板中，向下滚动找到名为 Static Mesh Settings（静态网格物体设置）的部分，如图 218 所示。

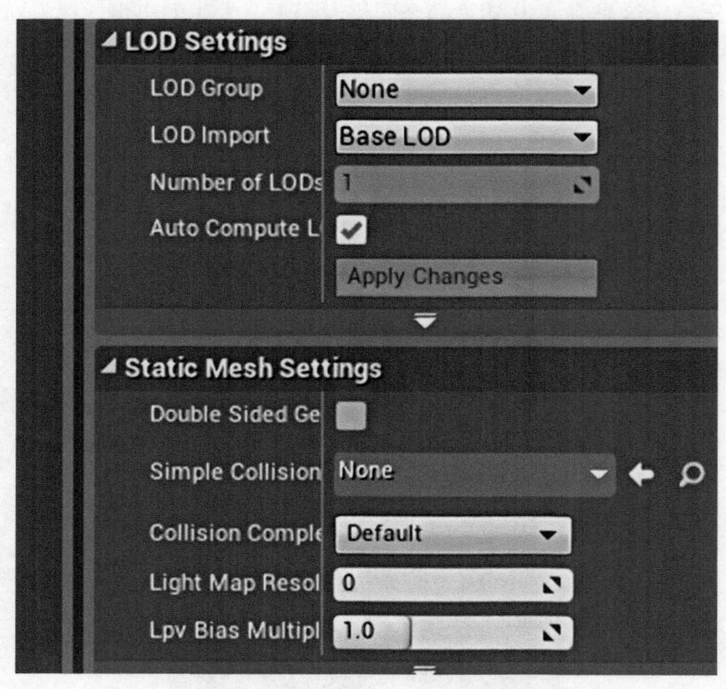

图 218　Details（细节）面板的 Static Mesh Settings（静态网格物体设置）

在 Static Mesh Settings（静态网格物体设置）部分，看到名为 Light Map Resolution 的选项了吗？当前它的值为 0，这就是我们要修改的值！

这里将其设置为 512。通常情况下，考虑到节省性能，我们需要反复尝试选择最小值。因为我已经尝试过了，512 是我们项目中的最佳设置，所以直接将 0 修改为 512，如图 219 所示。

单击静态网格编辑器左上方图标为软盘的按钮，保存设置。关闭静态网格编辑器，这时您将看到静态网格物体上的 Invalid Lightmap Settings 字样消失了，如图 220 所示。

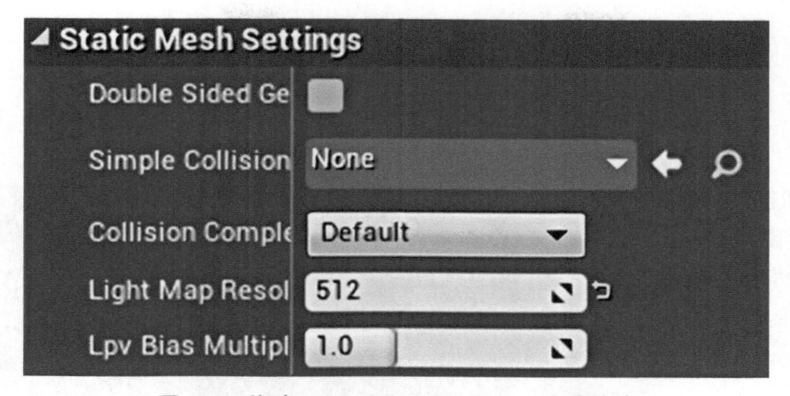

图 219　修改 Light Map Resolution 选项的值

图 220　修改设置以后的静态网格物体

下一步我们将静态网格转为蓝图。

第 22 步　将静态网格转为蓝图

将静态网格转为蓝图，需要做两件事：实现转换、将场景中的静态网格替换为转换后的蓝图。

前往 Content Browser（内容浏览器），找到 SM_Door（但是不要打开它），如图 221 所示。

这次，不是双击SM_Door，而是右键（Mac 上是 Ctrl 键+鼠标左键）单击打开操作菜单，如图 222 所示。

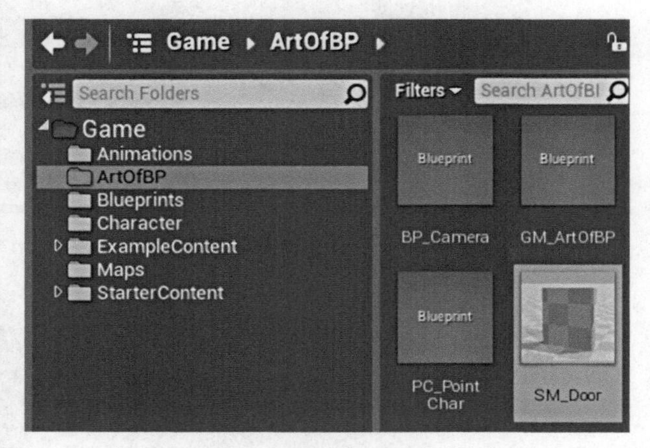

图 221　在 Content Browser（内容浏览器）找到 SM_Door

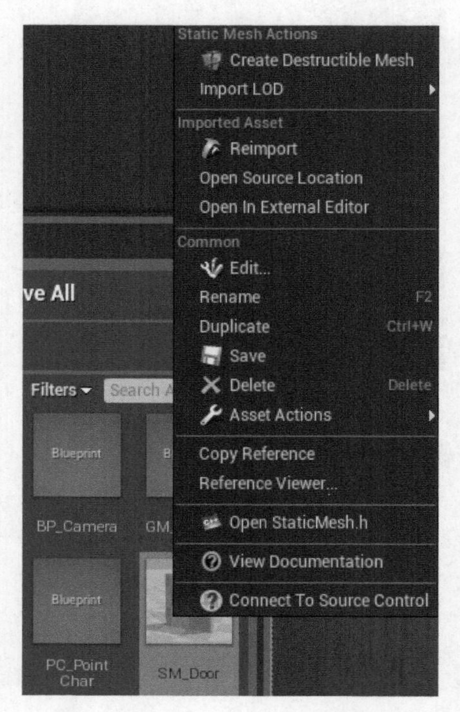

图 222　Static Mesh Actions（静态网格物体操作）菜单

在该操作菜单中，选择 Asset Actions（资源操作），弹出二级菜单，如图 223 所示。

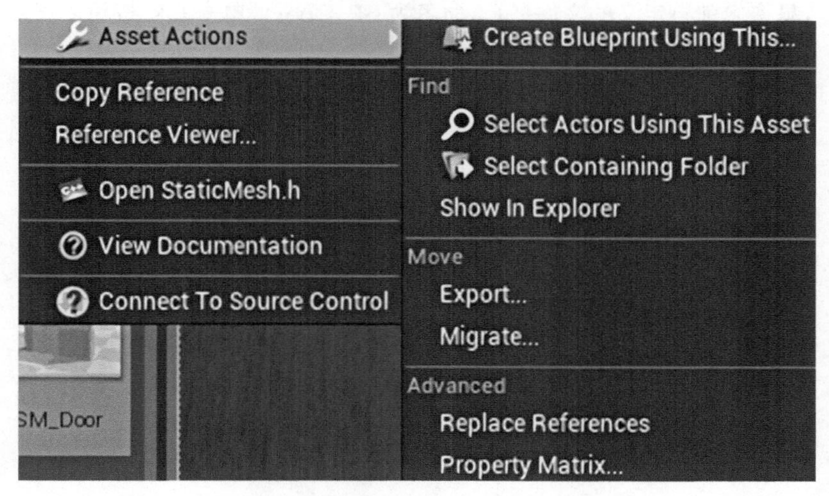

图 223　Static Mesh Actions（静态网格物体操作）菜单的 Asset Actions（资源操作）二级菜单

在该二级菜单的最上面有一个 Create Blueprint Using This...（使用这项创建蓝图……）按钮，这正是我们需要的功能，单击它，弹出对话框，如图 224 所示。

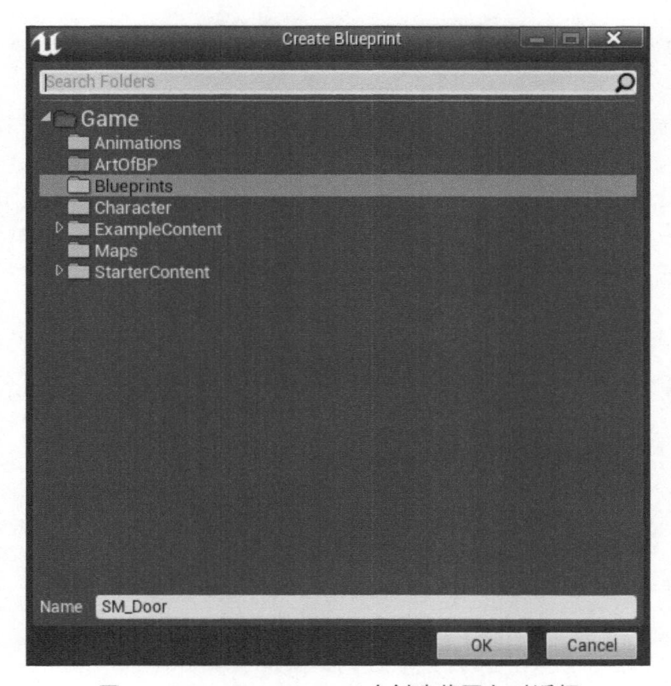

图 224　Create Blueprint（创建蓝图）对话框

正如新建静态网格物体一样，我们需要为新蓝图选择存储路径和命名。这里选择 ArtOfBP 文件夹（或者是您之前自定义的文件夹），命名为 BP_Door。单击 OK 按钮，直接跳转到蓝图窗口。

学习到现阶段，您一定已经熟悉使用蓝图窗口右上方的导航按钮来切换不同视图。但是现在不用切换，只需要在 Components（组件）视图下，所以再次确认当前处于 Components（组件）视图。

第 23 步　根组件

蓝图中已经添加了门。Unreal Engine 会自动创建一个 Actor 蓝图，并将门添加到该蓝图中。但是我们需要对该蓝图中组件做一处改变。

在修改之前，我先解释一下为什么要进行这个操作：当静态网格物体转为蓝图之后，Unreal Engine 4 默认设置该静态网格物体是 Static（静态的），不能移动。当然，该设置不符合当前场景，因为我们需要门在不同的条件下有开和关两种状态。

有些读者可能会说，直接将 Static（静态的）改为 Movable（可移动的）。我们不这样操作，是因为如果将门移动了，我们很难再知道它之前的位置。所以我们要将 SM_Door 设置为 RootSceneComponent 的一个子类。

您可能会问，这是为什么呢？很简单，RootSceneComponent（场景根组件）是一个空的对象，不可见也不包含任何数据，完全是空的。对于项目的终端玩家来说，根本不知道该组件的存在，只有开发人员知道。

所以，如果它不可见也不做任何操作，那么它有什么用呢？我打一个比方：如果您在快餐店排队，此刻您特别想去洗手间。RootSceneComponent 的作用就是记录您在队列中的当前位置，让您可以离开队列去洗手间或者其他任何地方，回来之后还能找到原来的位置。

这就是 RootSceneComponent 的关键作用。假设门的位置在 X=0，Y=0，Z=0，那么它将记录 0，0，0 是该物体的家。如果您将门向下移动了 10 或者 20 个单位，根组件所记录的还是 0，0，0。这意味着对门执行向上移动 10 或者 20 个单位的操作，就可以返回到原来位置。

所以将 RootSceneComponent 看作是位置记录器。当蓝图中有些物体，您需要将他们返回到原来位置时，例如对于有开和关两种状态的门来说，使用 RootSceneComponent 非常方便。

在这种情况下，您最好添加 RootSceneComponent 组件，并将门组件作为 RootScene Component 的一个子类。无论什么时候需要返回原来位置（例如该情景下的关门），门组件都可以回到 0，0，0 的起始位置。

Component（组件）视图的左侧有一个名为 Components（组件）的工具栏，如图 225 所示。您可以在此添加蓝图的组件，如线缆、音频发射器、粒子发射器、网格等任何组件。

下面添加 RootSceneComponent，单击 Add Component（添加组件）按钮。在搜索框中输入 Root，您会发现没有搜索结果，稍后我会解释原因。这里先搜索 Scene，添加到蓝图中，如图 226 所示。

图 225　Components（组件）工具栏

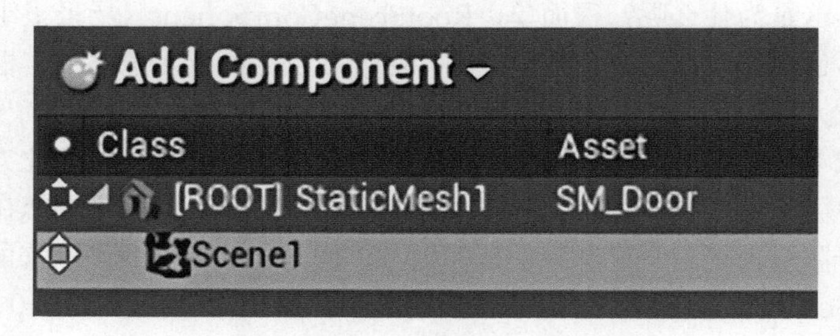

图 226　添加 Scene 组件

您会注意到，添加的组件是 Scene，而不是 RootSceneComponent。当我们讨论 RootScene Component 时，实际上不是名为 RootSceneComponent 的对象，而是作为根组件的 Scene。

那么如何将 Scene 设置为 RootSceneComponent 呢？选中 Scene 并拖拽到[Root]SM_Door 的位置。这样，Door 就不再是根组件了，而是空的 Scene 组件作为根组件。

我知道这部分内容听起来有点混乱，但是别担心。根组件实际上是组件的家，这个家的内容是 0，0，0。将 Scene 组件设为根组件是一个好习惯，因为蓝图中所有的组件都是根组件的子类。这好比回形针链，从第一个回形针开始，所有的回形针都可以看作是第一个回形针的孩子，因为必须从第一个回形针开始，才能找到其他回形针的位置。

将 Scene1 拖拽到 ROOT[SM_Door]组件上，这时 Scene1 变成了 Root[Scene1]，如图 227 所示。

发现 Components（组件）工具栏中的 SM_Door 不见了。单击[ROOT] Scene1 组件 XYZ 图标左边的箭头，SM_Door 组件再次出现，如图 228 所示。

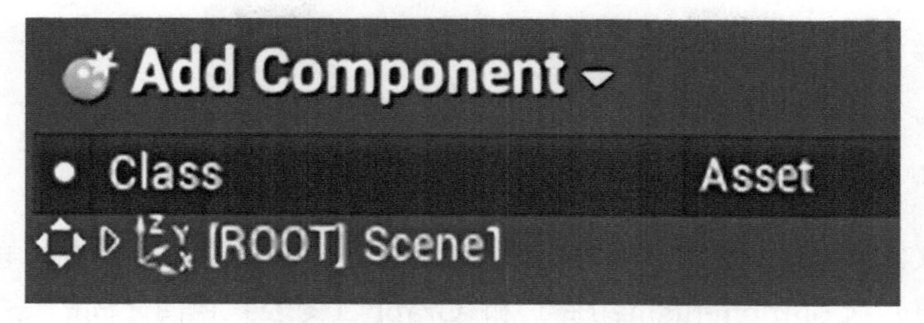

图 227　生成 Root[Scene1]组件

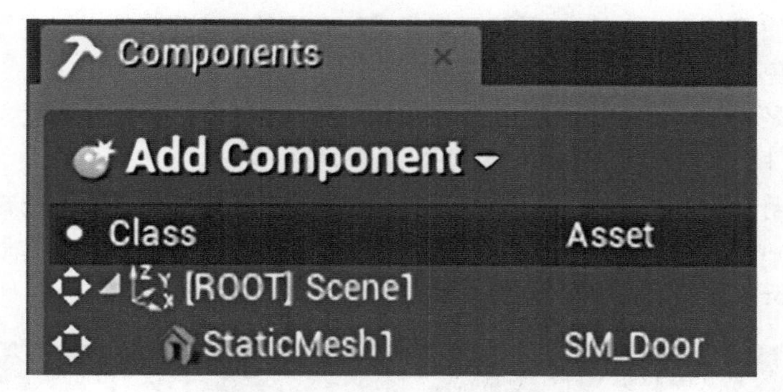

图 228　SM_Door 组件的位置示意

上述就是我在蓝图组件中添加的所有内容。当你完成本书的所有操作之后，可以返回到蓝图的 Components（组件），添加一个粒子发射器。这样当门打开时，就会根据您的设置出现烟花、火花等效果。

但是现在我不介绍这个内容，我希望通过本书的学习之后，您可以创建任何组件。

第 24 步　自定义事件

前往蓝图的 Graph（图表）视图。现在，您应该已经熟练使用右上方的导航按钮，实现在 Defaults（默认值）、Components（组件）和 Graph（图表）视图之间的切换。

在 Graph（图表）视图下，我们来创建第一个自定义事件！

还记得之前使用的 Event Tick 吗？正如我之前介绍的，这些事件在特定情况下被触发，而且事件之间要避免冲突。

自定义事件是我们自己创建的事件，也就是由我们来决定什么时候触发。下面我们就来创建一个自定义事件，在实际的项目环境中更好地理解这个概念。

首先确保当前处于 BP_Door 蓝图的 Graph（图表）视图。打开 Compact Blueprint Library 搜索 Custom Event，选择 Create a Custom Event（添加自定义事件）。重命名该事件，这里命名为 OpenDoor，简单易记，如图 229 所示。

图 229　新建的 OpenDoor 自定义事件

稍后我们再触发这个事件，现在我们把注意力集中在蓝图上。

在创建剩下的代码时，脑海中始终记得当前打开门的所有条件都已经满足了。例如一个迷宫已经走通了，一个小测试已经通过了，一个谜语已经解答了，都可以。无论是什么，只要满足条件都可以触发这段代码。

前往 Variable Library 新建一个变量：名为 IsOpen，bool（布尔）类型，如图 230 所示。

将 IsOpen 变量拖拽到蓝图中，弹出对话框时，选择 Get（获得），如图 231 所示。创建这个变量是因为我们想知道门当前是否已经被打开了。如果门已经打开，那么不需要再次触发代码，继续保持打开状态即可。

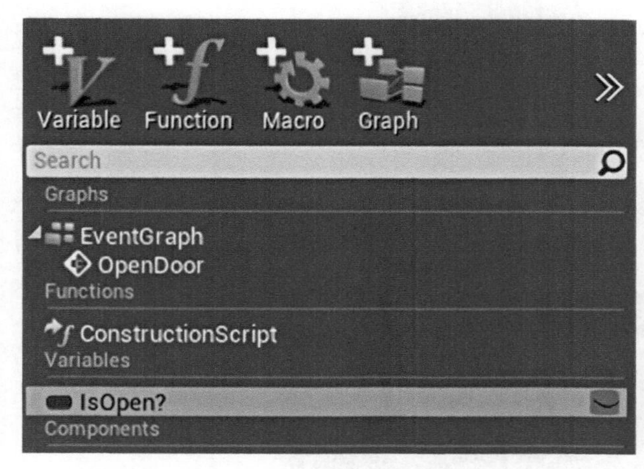

图 230　新建的 bool（布尔）型变量 IsOpen

图 231　新建的布尔型 IsOpen 变量

现在您可能已经猜到，当我们添加了布尔型变量之后，我们需要一个 Branch（分支）节点。下面通过 CBL 或者键盘 B 键+鼠标左键，新建 Branch（分支）节点，将其 Condition 与 IsOpen 节点相连，如图 232 所示。

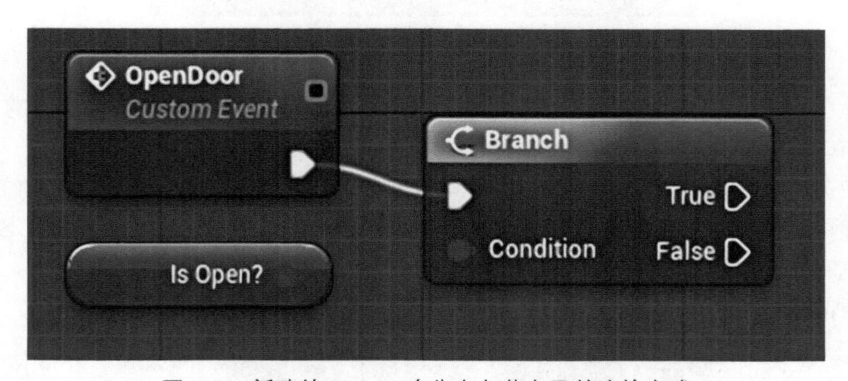

图 232　新建的 Branch（分支）节点及其连接方式

当门处于打开状态时，我们不希望 BP_Door 执行任何操作，所以对 Branch（分支）节点的 True（正确）端做闲置处理。

第 25 步　时间轴

下面我们新建一个连接到 Branch（分支）节点 False（错误）端的节点。打开 Compact Blueprint Library，搜索 Timeline，选择 Add Timeline...（添加时间轴……），如图 233 所示。

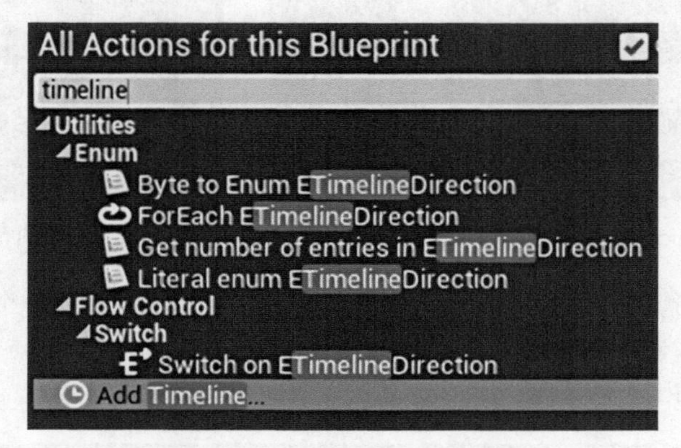

图 233　Add Timeline…（添加时间轴……）选项

这时让我们命名时间轴，这里起什么名字都没关系。将 Branch（分支）节点的 False（错误）输出与时间轴节点的 Play 或者 Play From Start 输入相连。

下面快速对时间轴节点做简要描述。时间轴节点让我们根据时间设置值。例如打开门或者倒计时，都可以使用时间轴。虽然该节点本来是用于动画的，但是由于可以刷新不断变化的时间值，所以它也是替代 Tick 的一个好选择。

双击时间轴节点进入其内部，如图 234 所示。

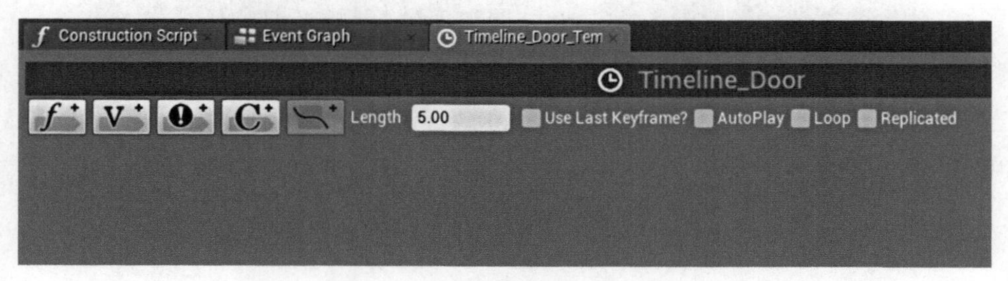

图 234　时间轴节点内部

此刻，该节点看起来光秃秃的，我保证一会儿会变得非常有趣！

在标题下面有一些按钮，从左边的 F+、V+按钮到右边的单选按钮 Loop（循环）、Replicated（已重复）等。下面简要介绍这些按钮的功能。

- F+：添加浮点型轨迹。
- V+：添加向量型轨迹。
- 图标为感叹号的按钮：添加事件轨迹。
- C+：添加颜色轨迹。

其他按钮的可解释性强，不需要加以说明。

首先，设置时间轴的长度。因为我们希望门迅速打开，所以将持续时间设置为一秒。到按钮栏中的 Length（长度）标签，当前默认值是 5，表示 5 秒，将 5.00 改为 1.00，如图 235 所示。

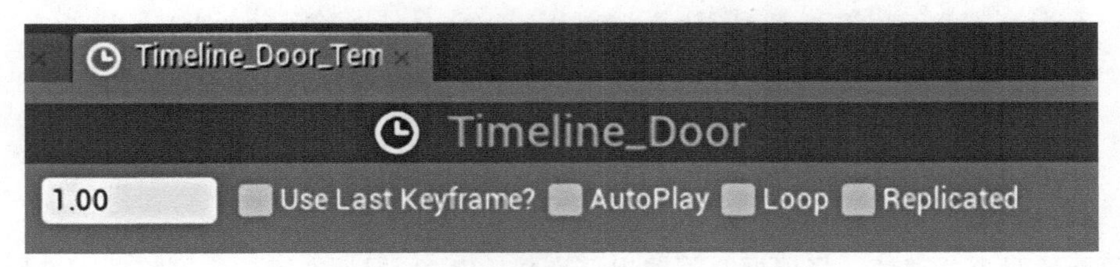

图 235　将时间轴的长度设置为 1.00 秒

下面添加一个浮点型轨迹，结合该轨迹的输出和一些代码来设置门的位置。这里使用浮点型轨迹，而不用向量型轨迹的原因是，添加代码时可以设置门的相对位置，而不是游戏世界中的绝对位置。

这是什么意思呢？我来解释一下：

- 相对位置=局部位置（例如在蓝图中 RootSceneComponent 的坐标是 0，0，0）；
- 真实位置=在游戏世界中的真实位置（例如 RootSceneComponent 的坐标就不一定是 0，0，0）。

因为蓝图中有多扇门，所以这里相对位置更适合我们的情景。返回到时间轴内部窗口，使用 F+按钮添加浮点型轨迹，如图 236 所示。

图 236　添加浮点型轨迹

这时，界面看起来有点复杂。别担心！操作起来特别简单。首先，将轨迹重命名为 FloatData，如图 237 所示。当轨道名称不可编辑时，鼠标右键（Mac 上是 Ctrl 键+鼠标左键）单击 NewTrack_0。

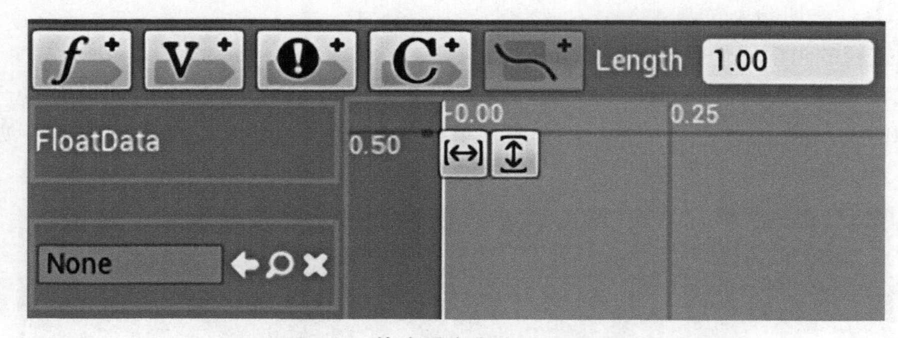

图 237　轨迹重命名为 FloatData

下面新建两个关键帧，将根据时间输出浮点数。Shift+鼠标左键单击网格中间红线的 0.00 标记处和 1.00 标记处，别担心，不需要特别精确地点击。

如图 238 所示，时间轴上出现两个关键帧。单击 0.00 标记附近的关键帧，这时在按钮工具栏下面出现两个文本框：Time（时间）和 Value（值）。

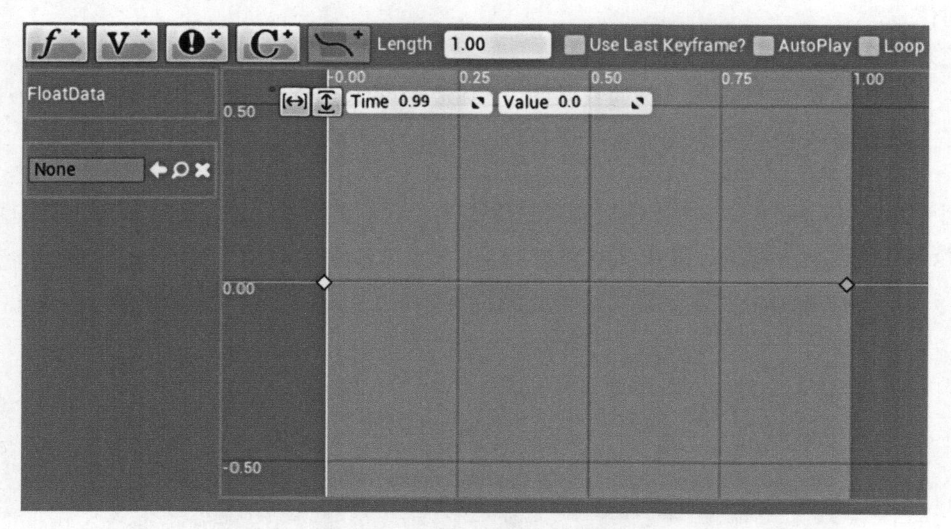

图 238　新建两个关键帧

当前我这里显示的 Time（时间）是–0.07，Value（值）是 0.0。Value（值）是正确的，而 Time（时间）有些偏差。将 Time（时间）修改为 0，结果如图 239 所示。

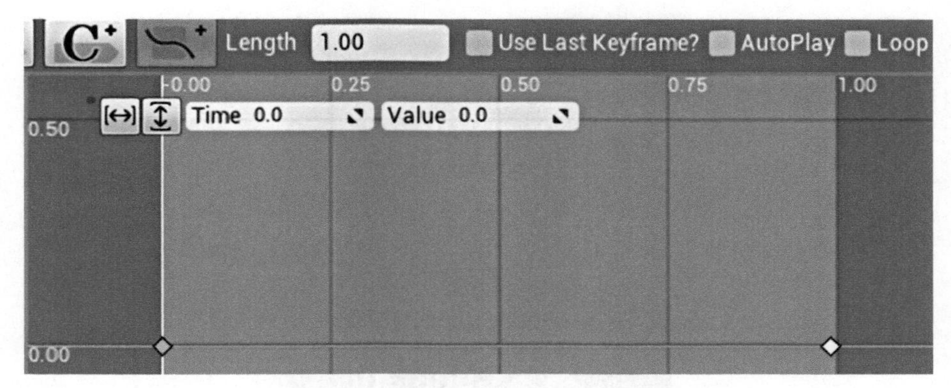

图 239　更正第一个关键帧的 Time（时间）和 Value（值）

单击第二个关键帧（1.00 标记附近的），确保 Time（时间）和 Value（值）均设置为 1.0，如图 240 所示。注意：输入完按 Enter（回车）键即可。

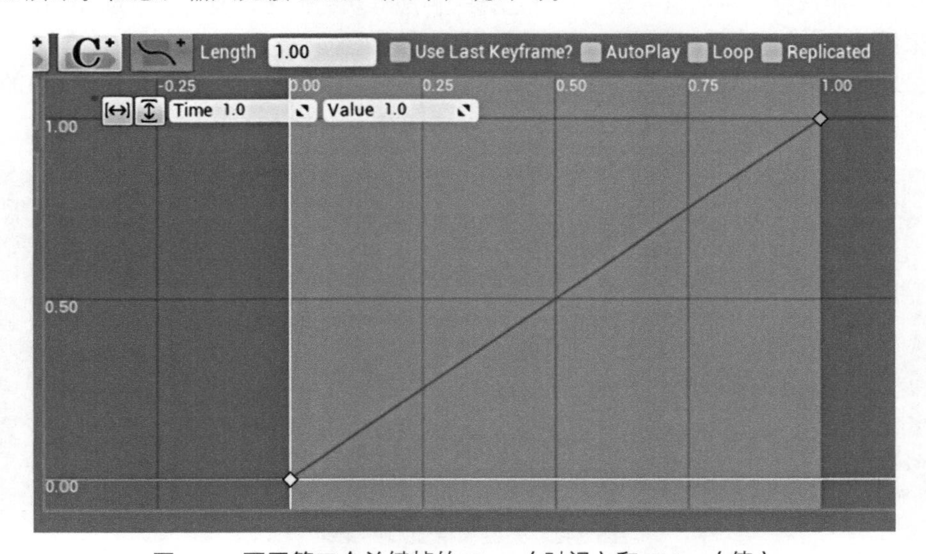

图 240　更正第二个关键帧的 Time（时间）和 Value（值）

如图 240 所示，红色的线呈上升趋势，灰色的竖线与红线的相交点分别是 0.00、0.25、0.50、0.75 和 1.00，灰线和红线相交处就是在那一时刻输出的浮点数。所以在 0.5 秒时，门将打开一半。

但是我们想平滑浮点型轨迹，虽然不是必要的，但是能提升门打开时的动态效果。具体操作是，右键（Mac 上是 Ctrl 键+鼠标左键）单击第一个关键帧，弹出一个小菜单，如图 241 所示。

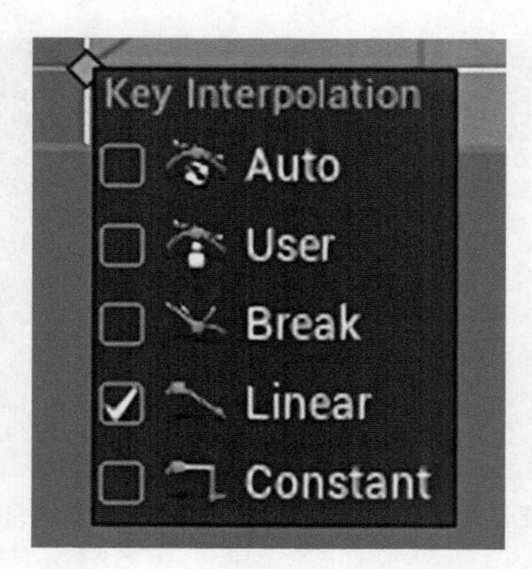

图 241　Key Interpolation（关键帧插值）窗口

在该菜单中选择一种插值方法。可以选择一种您喜欢的方法，或者直接选 Auto（自动，这里我采用此方法）。

对另外的关键帧采用同样的方法，得到的结果如图 242 所示。该图形不再是线性的，而是有优美的曲线，给人感觉平滑或是厚重感。

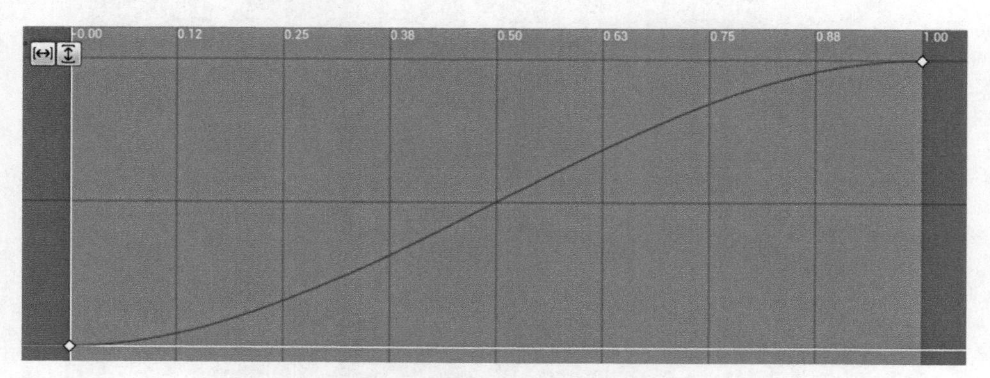

图 242　关键帧插值后的结果

图形的改变意味着什么呢？如图 242 所示，图形从直线变成了曲线。意思是门不是匀速打开，而是开始打开得很慢，逐渐变快，最后再变慢的一个过程。这是不是比匀速打开要漂亮呢？

时间轴内部的操作已经完成。使用窗口标题上方的选项卡，关闭该窗口，返回到 Event Graph（事件图表），如图 243 所示。

图 243　返回 Event Graph（事件图表）

如图 244 所示，FloatData 已经是时间轴节点的一个输出了。

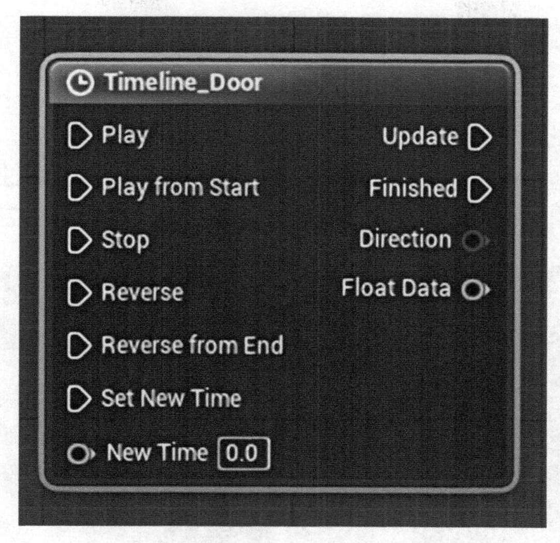

图 244　带有 FloatData 输出的时间轴节点

将时间轴节点的 Play from Start 或 Play 输入与之前创建的 Branch（分支）节点的 False（错误）输出相连。

第 26 步　Lerp（线性插值）

我们已经做了前期的所有准备工作，下面开始实际设置门的动作。

首先新建一个 Lerp (Vector)节点，如图 245 所示。Lerp 代表线性插值，本质上是将一个值改变成另外一个值，我们要将门的位置从起点 0，0，0 改变到其他位置，实现打开门的效果。

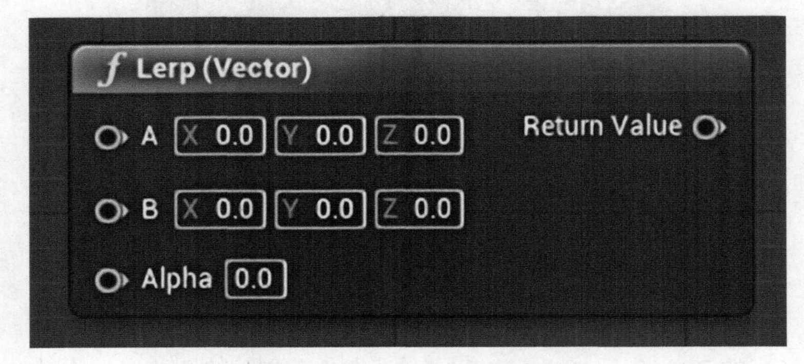

图 245　Lerp (Vector)节点

如图 245 所示，Lerp (Vector)节点的 Alpha 输入是一个浮点型的变量，对应我们之前在时间轴节点设置的那个变量。直接将时间轴节点 FloatData 输出与 Lerp (Vector)节点的 Alpha 输入相连，如图 246 所示。

Alpha 实际上充当 Lerp (Vector)节点中速度这个角色。当代码控制门从位置 A（Lerp 节点的 A 输入）移动到位置 B（Lerp 节点的 B 输入）时，在这一秒里，开始很快，中间缓慢，最后结束也很快。

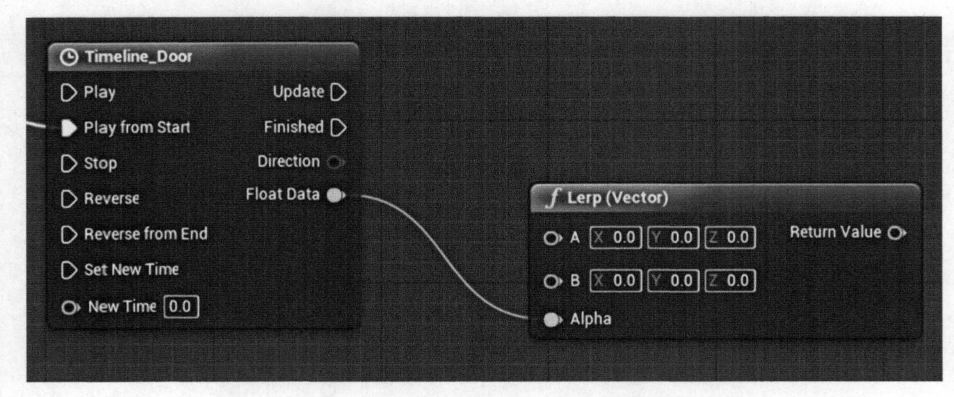

图 246　Lerp (Vector)节点 Alpha 输入的连接方式

下面处理 Lerp (Vector)节点的 A 输入和 B 输入。正如您所想，A 输入是门的起始位置，设置为 0，0，0，我们希望门向下开，这是由坐标中的 Z 值决定的，所以设置 B 输入的 Z 值为 −450，如图 247 所示。

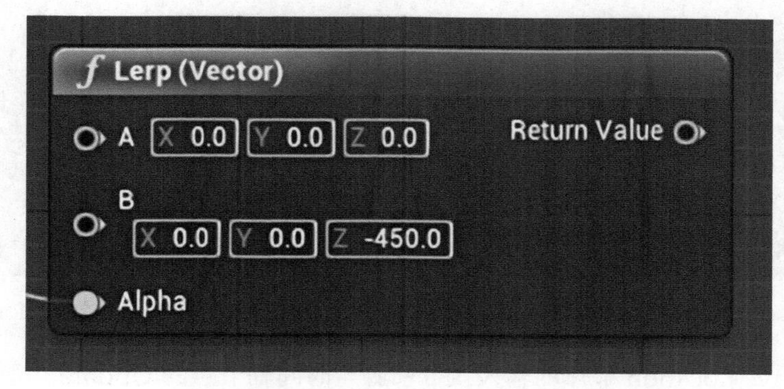

图 247　设置 Lerp (Vector)节点 B 输入的 Z 值

下面将上述数据变化赋值给门。这一步依赖 Unreal Engine 的版本，4.6 之前的版本需要使用 Variable Library 手动将静态网格物体拖拽到蓝图中，然后单击输出执行引脚向右拖拽打开选项，而 4.6 及以上版本可以直接打开 Compact Blueprint Library 进行搜索。

使用 CBL 搜索 Set Relative Location，如果您使用的 Unreal Engine 版本是 4.6，该节点的名称是 Set Relative Location (StaticMesh1)，StaticMesh1 代表您创建的静态网格物体门的名称。创建 Set Relative Location 节点，如图 248 所示。

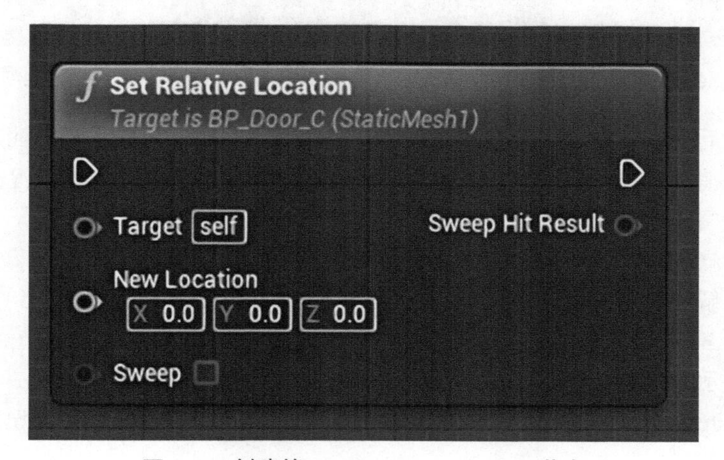

图 248　创建的 Set Relative Location 节点

如图 248 所示，该节点与 4.6 之前版本中的节点看起来一样，但是静态网格物体默认与该节点的 Target 输入相连。下面将 Lerp (Vector)节点的输出连接到 Set Relative Location 节点的

New Location 输入，如图 249 所示。

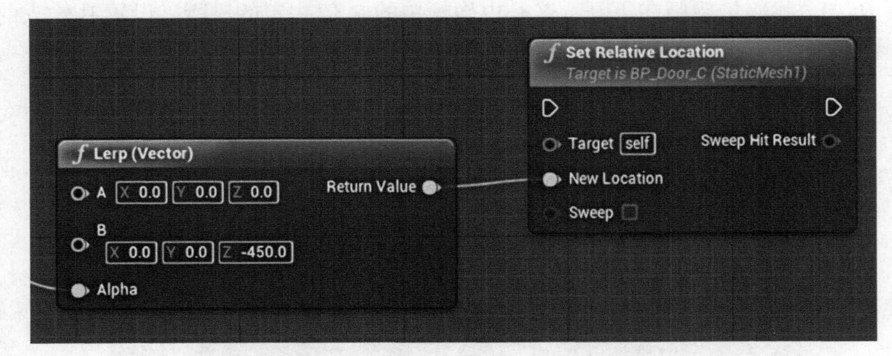

图 249　将 Lerp (Vector)节点的输出与 Set Relative Location 节点的 New Location 输入相连

将 Set Relative Location 节点的输入执行引脚与时间轴节点的 Update 引脚相连，如图 250 所示。

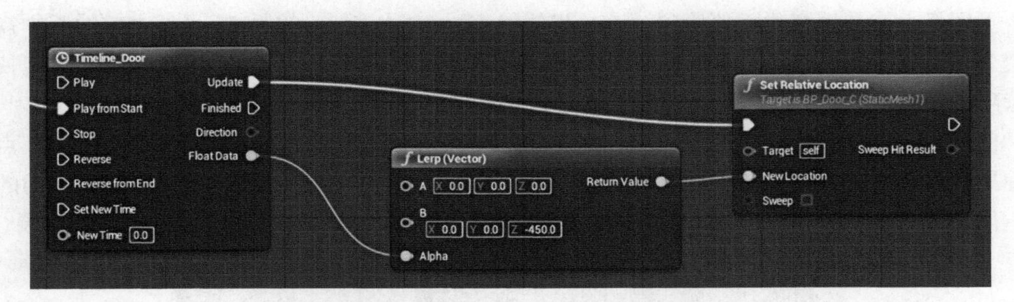

图 250　Set Relative Location 节点的输入执行引脚与时间轴节点的 Update 引脚相连

目前还差最后一步操作，该蓝图就完成了。下面对上述代码做一个简要回顾。

一旦我们发消息触发该代码，首先检查门是否已经处于打开状态。如果没有，那么执行打开门的操作，将门移动到指定的位置。

这段代码中缺少什么吗？我们还没有设置 IsOpen 这个变量。

下面我们来解决这个问题。前往 Variable Library，将 IsOpen 变量拖拽到场景中，在弹出的对话框中选择 Set（设置）。将 IsOpen 节点的输入执行引脚连接到时间轴节点的 Finished 输出，如图 251 所示。

单击 Set IsOpen（设置 IsOpen）节点中的小方框，将其变为选中状态，即设置为 True（真），如图 251 所示。

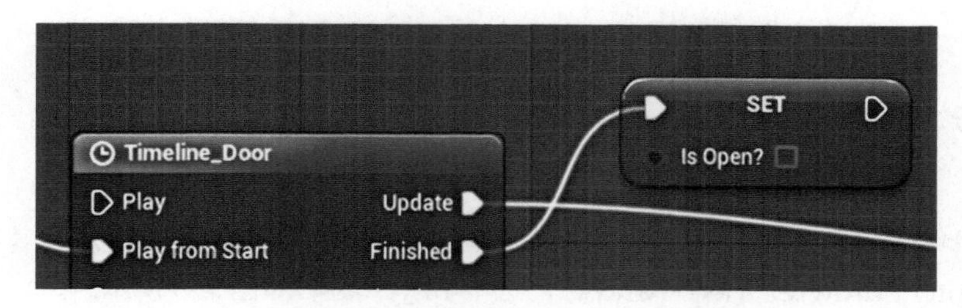

图 251　将 IsOpen 节点的输入执行引脚连接到时间轴节点的 Finished 输出

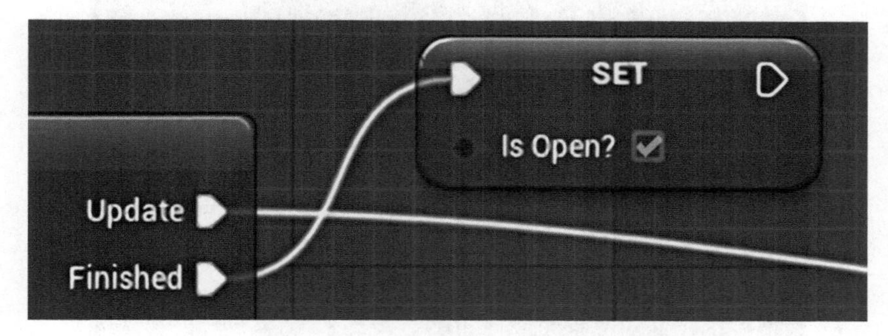

图 252　将 Set IsOpen（设置 IsOpen）节点设置为真

上述代码的意思是，如果一秒过去了，IsOpen 就会被设置为真，此时门处于打开状态。因为代码的起点是询问 IsOpen 节点，所以当 IsOpen 为真，该代码就不会再被触发了。您一定记得我们之前创建了一个自定义事件来触发这段代码，现在还没有设置，所以这段代码将不会执行。

我们还有两步操作，才能说蓝图 100%完成了。保存并编译蓝图，关闭蓝图，返回 Unreal Engine 的主窗口，前往门的位置。

第 27 步　用 BP_Door 替换静态网格

单击场景中的门，当前它不是蓝图，而是静态网格物体。下面用 BP_Door 替换它。前往 Content Browser（内容浏览器），选中 BP_Door，如图 253 所示。

图 253　Content Browser（内容浏览器）窗口

右键（Mac 上是 Ctrl 键+鼠标左键）单击打开选项菜单，下方有一个 Replace selected actor with BP_Door（BP_Door 替换选中的 Actor）选项。单击该选项按钮，静态网格物体就被蓝图替换了。

运行一下该游戏。虽然自定义事件还没有连接进来，但是先测试一下这部分代码。试一下从门中穿过，很快您就会明白为什么要测试了。

第 28 步　碰撞在哪

测试时，您会发现玩家可以从门中自由穿过，好像门不存在一样。这是因为将 BSP 转为静态网格物体时，丢失了所有的碰撞信息。

前往 Content Browser（内容浏览器），找到门的静态网格物体（注意不是蓝图），双击打开静态网格物体编辑器。在编辑器的上方有很多特定功能的按钮，如图 254 所示。

图 254　静态网格物体编辑器上方的按钮

为了节省本书的篇幅，这里不对这些按钮做介绍。请读者将鼠标停留在每个按钮上，查看其简要描述。

熟悉了这些按钮的功能之后，下面开始使用它们。正常情况下，我们要使用 Collision（碰撞）菜单，选择最适合您的碰撞类型。但是这里我们不这么做，我将介绍一个新方法。当静态网格物体需要复杂的碰撞区域，而不是简单的形状时，您将会用到该方法！

前往编辑器窗口右边的 Details（细节）面板，找到 Static Mesh Settings（静态网格物体设置）部分，如图 255 所示。还记得之前设置光照映射分辨率的时候使用过它吧。

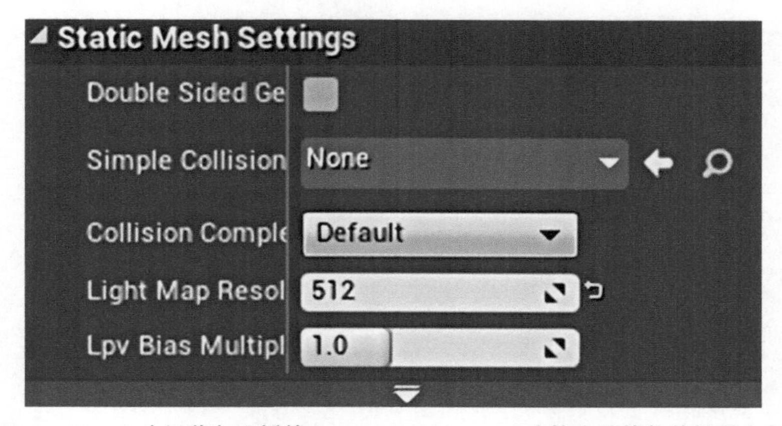

图 255　Details（细节）面板的 Static Mesh Settings（静态网格物体设置）部分

名为 Simple Collision（全称为 Simple Collision Physical Material）的选项当前是默认值。将其设置为 Use Complex Collision as Simple，该物体就被赋予了碰撞属性。该选项适用于任何静态网格物体，例如树或者特定形状的物体，可以不是标准的盒体或者球体。

说实话，使用该方法和使用标准的碰撞体（如盒体、球体等）相比，没有性能上的差别，至少我没有发现。我会在商业产品中使用这种方法，目前为止还没有遇到任何问题。但是这么做的过程中很容易出错，所以要保持谨慎!

将 Simple Collision 选项设置为 Use Complex Collision as Simple 之后，保存，关闭该窗口，返回 Unreal Engine 的主窗口。

下面测试项目。如果您的上述操作是正确的，那么玩家将不能从门中穿过了！如果还可以从门中自由穿过，说明操作中出现了错误，请返回重新开始!

第 29 步　第一个迷宫

现在门已经正常工作了，我想您已经猜到下面要做什么了：当前只有一扇门，还有 3 处需要门，将这扇门复制到场景中的其他 3 处。复制粘贴 BP_Door，或者从 Content Browser（内容浏览器）中将 BP_Door 拖拽进来。再次确认每处门口都有一扇门，所以玩家不能随意从一个房间跑到另外一个房间。

您可以从 http://www.kitatus.co.uk 或 http://content.kitatusstudios.co.uk 网站上下载到截至目前的所有项目，标题为[LESSON4]，请注意下载的是这本书的工程。

当前每一个房间都有一扇门来锁住了，下面让我们创建第一个迷宫！稍后再返回对门的自定义事件进行操作！

我们先为第一房间创建一个简单的谜题：集齐两件物品才能将门解锁，这意味着要创建一个简单的仓库系统。创建仓库系统有很多种不同的方法，完全取决于您的设计。因为这里只需要一个简单的仓库系统，所以使用一个结构体（变量的集合）和 Blueprint Interface（蓝图接口）来存储仓库里的物品，使用 UMG 展示给玩家仓库里有什么。

第 30 步　创建仓库系统

首先，UMG 需要两幅图用于物体图标，让玩家知道他收集的是什么。

UMG 表示 Unreal Motion Graphics，是 Unreal Engine 4 中用于创建菜单、暂停屏幕、能量条等的工具。基本上，任何想要显示在屏幕上的二维对象，不是游戏世界中的对象，都可以使用 UMG。

下面在 UMG 中创建两幅图，用于告诉玩家收集的是什么物品。有两种方法实现，自己创建图像，或者从 KITATUS 网站（http://www.kitatus.co.uk）上下载我已经创建好的工程文件。如果您自己创建这两幅图，确保第一幅图是一个罐头，第二幅图是一个小按钮。此外，因为 UMG 不会太大，所以保证图片的背景是空的，并且能从远处看到里面的对象。

图 256 所示是 KITATUS 网站上的两幅图，供您参考。

图 256　用于图标的两幅图片

图 256 所示的两幅图，每幅图的大小是 500 x 500 像素，背景是空的，中间有一个简单的图标。这样的好处是，如果缩小这幅图，还可以看清图片的内容。

创建好这两幅图，或者从网站上下载了这两幅图之后，将它们导入到项目中。前往 Content Browser（内容浏览器）的 ArtOfBP 文件夹（您命名的那个文件夹），选择 Import（导入）按钮，如图 257 所示。

在弹出的导入窗口中，选择这两幅图导入到项目中，这时会弹出如图 258 所示对话框。

对话框的内容是：您正在导入的贴图大小不是 2 的幂。因为这不是本实例关心的问题，所以单击 Yes（是），导入两幅图片作为纹理，如图 259 所示。保存项目。

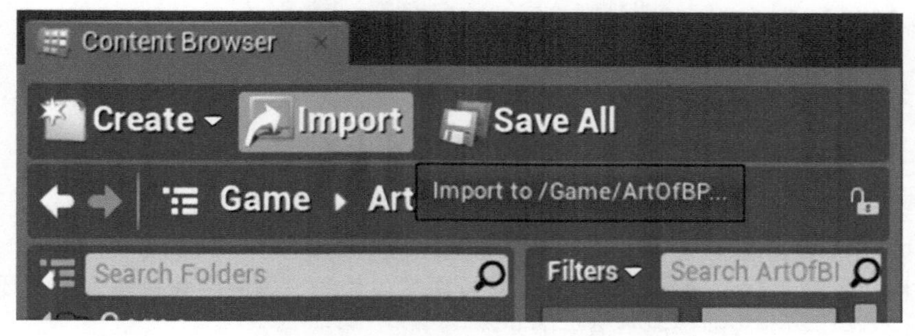

图 257　Content Browser（内容浏览器）的 Import（导入）按钮

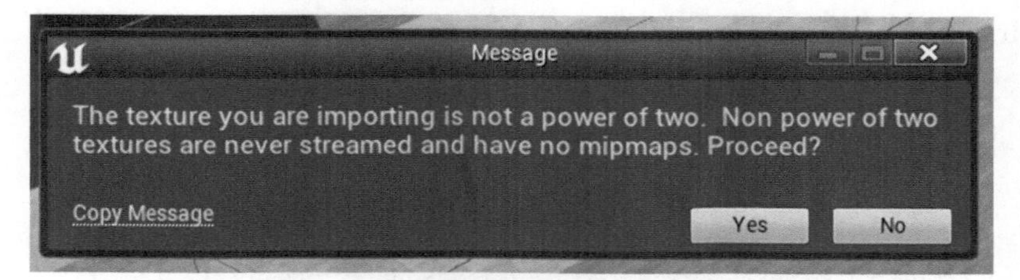

图 258　导入图片时弹出的信息对话框

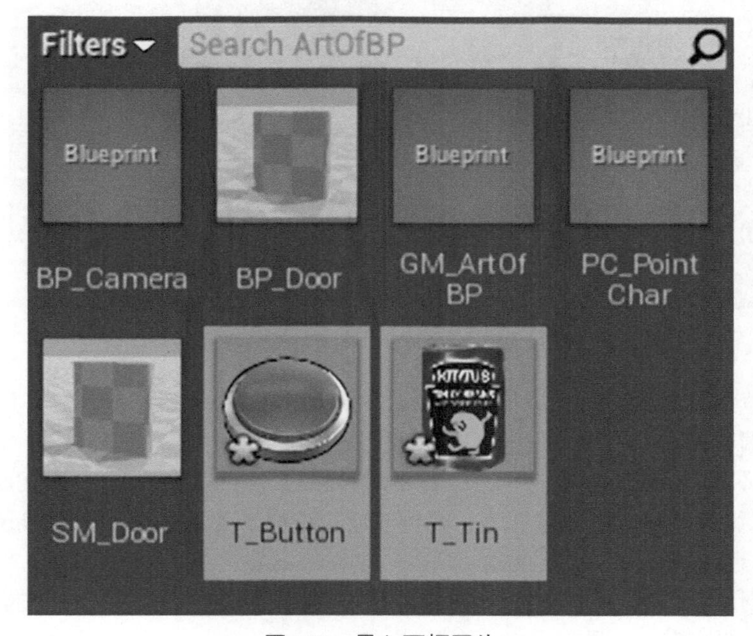

图 259　导入两幅图片

第 31 步　蓝图接口

在创建仓库之前，本步先创建一个蓝图接口，蓝图接口扮演中间人的角色。想一下，您给国外的朋友或远房亲戚汇款，您不是直接打钱给他，而是通过第三方机构，如 Western Union（西部联盟电报公司）或者国际转账服务。将蓝图接口想象成国际转账机构，只需要很少的代价，就能将数据从一个蓝图传递给另一个蓝图。

前往 Content Browser（内容浏览器）窗口，单击 Create（创建）>Blueprints（蓝图）>Blueprint Interface（蓝图接口），如图 260 所示。

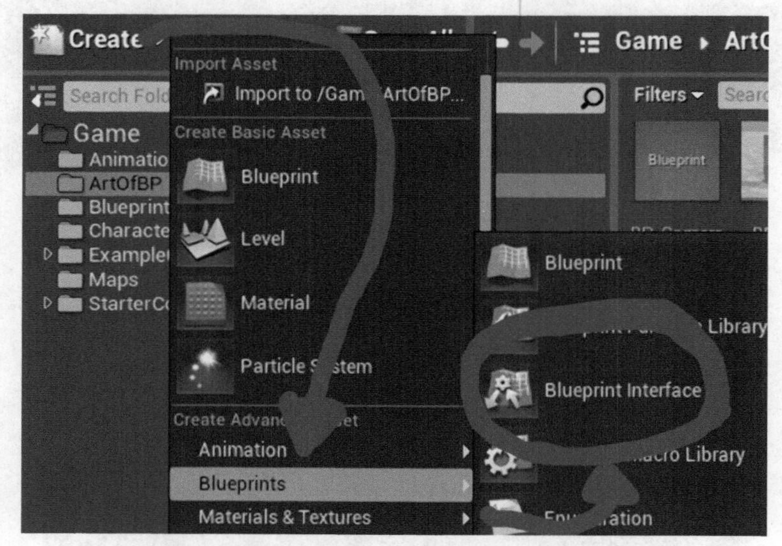

图 260　创建 Blueprint Interface（蓝图接口）的过程

将蓝图接口命名为 BI_Inv，表示 Blueprint Interface: Inventory（蓝图接口：仓库）。双击打开蓝图接口编辑器。

蓝图接口不是一般的蓝图，所以它看起来和蓝图不一样，没有 Defaults（默认值）、Components（组件）和 Graph（图表）的导航切换按钮。蓝图接口只有 Defaults（默认值）视图，用于存储蓝图之间传递的消息。

我们需要创建函数来实现在两个蓝图之间传递消息，但是在蓝图接口中的操作与之前在蓝图中创建函数的操作有点不同。

单击新建函数按钮，其图标是字母 F 上面带一个加号，如图 261 所示。

图 261　新建函数按钮

单击新建函数按钮，这时场景变成和正常蓝图一样的了。在窗口左边的 Variable Library 中将函数命名为 Action_Use。使用同样的方法新建另外一个函数，名为 Action_Drop。

下面介绍一个额外的功能：玩家丢弃仓库中的任意一件物品。虽然我们的例子不需要该功能，但是从学习蓝图接口，更深入地理解函数的角度，这将帮助您学习更多的知识。

现在单击编辑器上方的 Compile（编译）按钮和 Save（保存）按钮，保存项目。

双击蓝图接口中的 Action_Drop 函数，添加一个输入，让我们知道当前哪个 Actor 需要放下物品。向下滚动 Details（细节）面板，找到 Inputs（输入值）部分，如图 262 所示。

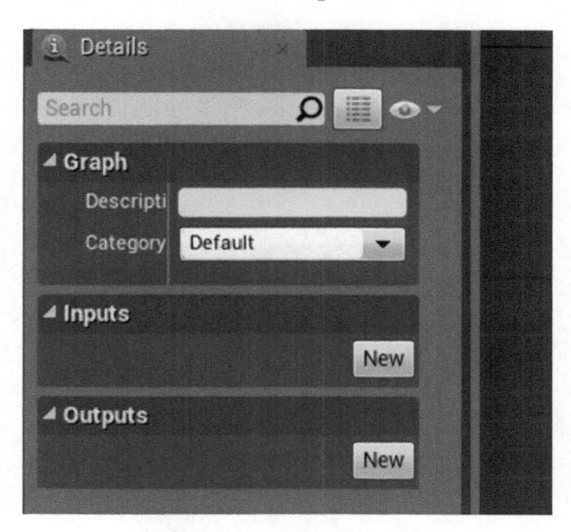

图 262　Action_Drop 函数

单击 New（新）按钮，将变量类型设置为 Actor。具体操作是单击变量类型下拉菜单，在搜索框中输入 Actor 查找，然后将变量名设置为 Actor，如图 263 所示。

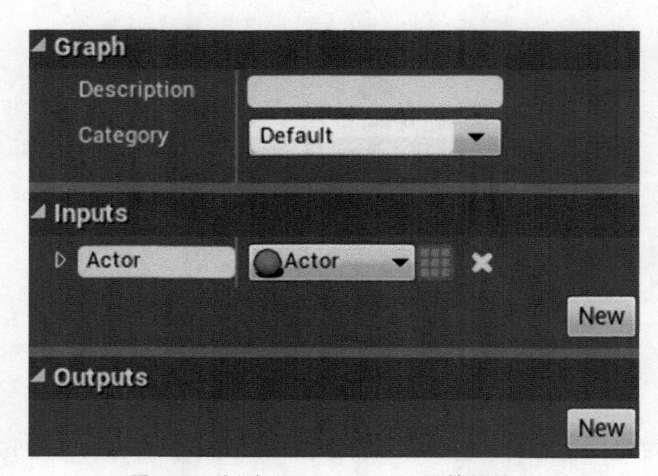

图 263　新建 Action_Drop 函数的输入

编译保存，关闭蓝图接口界面，返回 Unreal Engine 的主窗口。

第 32 步　结构体

正如上一步创建蓝图接口一样，本步将新建一个结构体蓝图。结构体蓝图像一个数组（变量的集合）。不同的是，结构体可以包含不同类型的变量，而数组只能包括一种类型的变量。

打个比方来更好地解释一下：在一个卖鱼和薯条的商店，您有两个购物篮子，一个是结构体，一个是数组。您的任务是给 500 人做一顿美餐，您边走边往数组的篮子中加鱼和薯条。当得知数组篮子中只能放一种类型的物品时，您不得不再拿出一个数组篮子，这样一个篮子装鱼，一个篮子装薯条。或者直接使用结构体，可以将 500 份的鱼和薯条都放在该篮子中。这是一个可笑的比喻，但是希望这能给您一个整体的概念。

前往 Content Browser（内容浏览器），选择 Create（创建）>Blueprints（不是 Blueprint）>Structure（结构体），如图 264 所示。

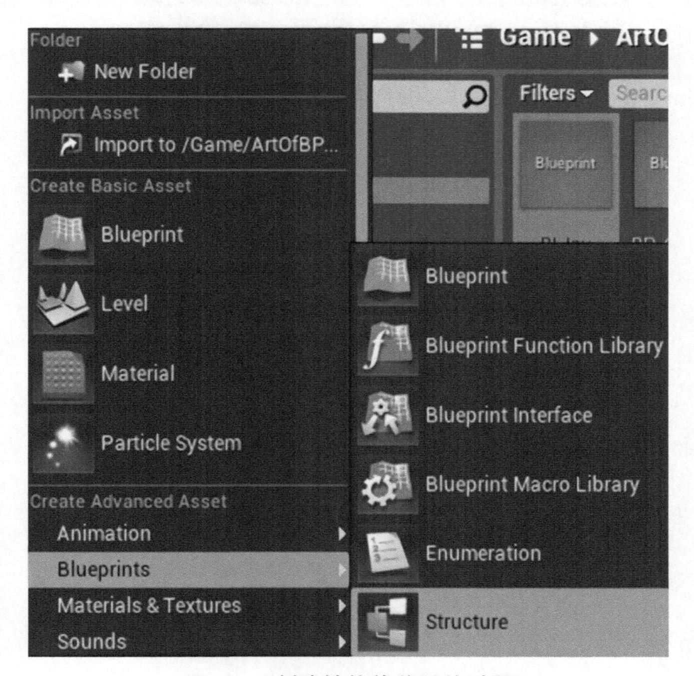

图 264　创建结构体蓝图的过程

将结构体蓝图命名为 Struct_Inv，表示 Structure Inventory。然后双击打开结构体编辑器，它看起来比之前我们使用过的所有编辑器都简单。

下面新建 3 个变量。

- 名称：Object；类型：Actor。
- 名称：ObjectTexture；类型：Texture2D。
- 名称：ActionText；类型：Text（文本）。

在结构体蓝图中新建这 3 个变量，如图 265 所示。

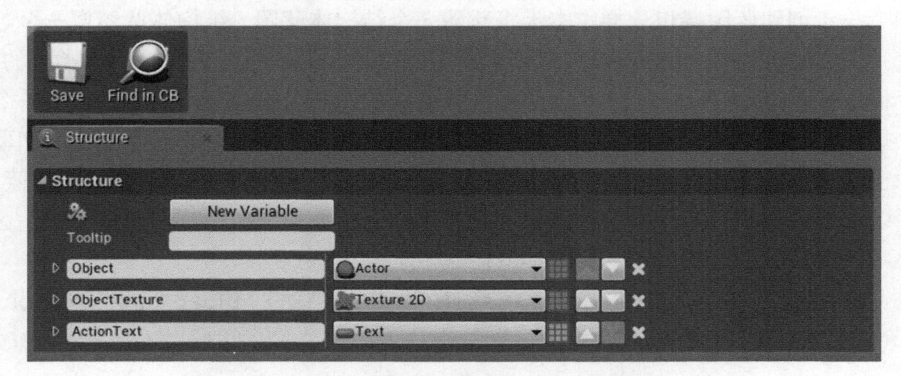

图 265　在结构体蓝图中新建 3 个变量

最后，单击 Save（保存）按钮，关闭结构体蓝图。

第 33 步　创建罐头和按钮蓝图

在本步中，使用我们之前学过的知识创建罐头和按钮蓝图。

首先，确认当前处于 Unreal Engine 主窗口（中间是场景视图），我们从创建罐头蓝图开始。正如之前创建 BP_Door 蓝图，首先使用 BSP 创建罐头，然后将其转为静态网格物体，进而转为蓝图，最后添加一些代码使其用于仓库元素。为了节省本书空间，请您自己使用 BSP 创建罐头，或者从网站的项目文件中下载其静态网格物体。

现在创建这两个 BSP（罐头和按钮），然后将其转为 Static Meshes（静态网格物体），或者直接从网站的工程文件中下载静态网格。

下一步创建蓝图，基于静态网格物体创建蓝图有很多种方式。一种方式是右键（Mac 上是 Ctrl 键+鼠标左键）单击 Content Browser（内容浏览器）中的静态网格物体，在打开的菜单选择 Asset Actions（资源操作）> Create a Blueprint Based on this（使用这项创建蓝图）。这里我们将采用不一样的操作。

下面我们将创建一个可以按照我们的需求随时进行收集操作的蓝图，也就是说，为这两个静态网格物体创建一个蓝图就够了。如果您希望将来在点击类项目中做一个更大的仓库，这样会便于扩展。

第 34 步　满足所有需求的一个蓝图

在本步中，我们将为所有仓库元素创建一个满足我们需求的蓝图。虽然听起来有些复杂，但其实和我们之前创建蓝图没有区别。我们马上开始吧！

前往 Content Browser（内容浏览器）的 ArtOfBP 文件夹，新建一个蓝图。设置该蓝图的父类是 Actor，命名为 BP_Pickup，如图 266 所示。

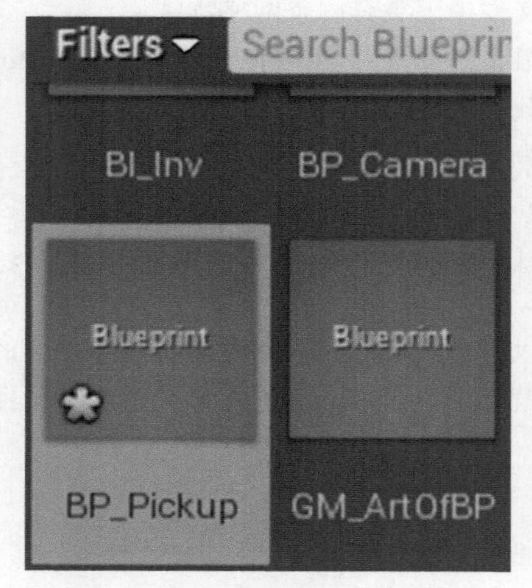

图 266　新建的蓝图 BP_Pickup

双击打开 BP_Pickup，正如之前对 BP_Door 的操作，前往 Components（组件）视图，新建一个 Scene，设置其为 Root（根）组件，如图 267 所示。如果您不记得为什么进行此操作以及如何操作，那么返回本书第 23 步，复习相关内容。

图 267　新建的 Scene 根组件

然后新建一个 Static Mesh（静态网格物体）组件，正如之前对 BP_Door 的操作，如图 268 所示。

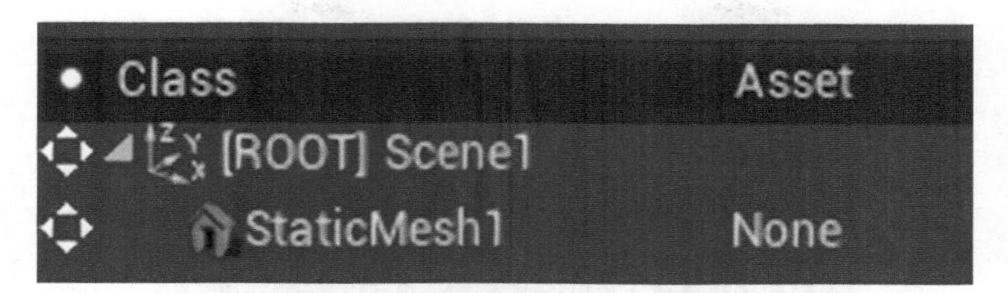

图 268　新建的 Static Mesh（静态网格物体）组件

将静态网格物体组件 StaticMesh1 重命名为 PickUpMesh，如图 269 所示。

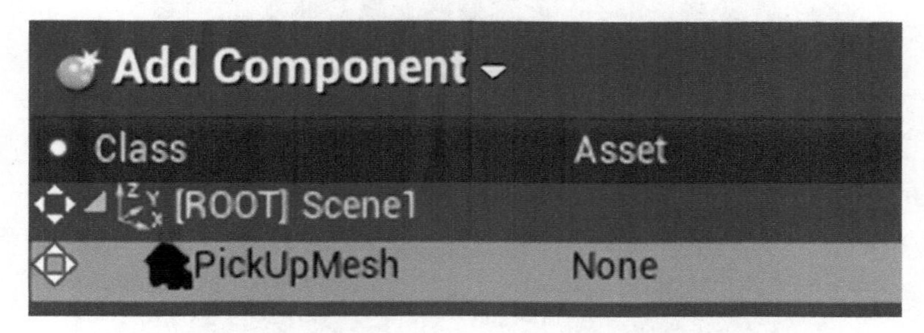

图 269　将静态网格物体组件 StaticMesh1 重命名为 PickUpMesh

与在 BP_Door 蓝图内的操作不同，这里不对 PickUpMesh 组件设置静态网格。因为在代码执行完之前，我们不能确定该蓝图表示的是罐头蓝图还是按钮蓝图。

下面在蓝图中添加一个 Box 组件，用于查看玩家是否走到了物体跟前，是否拾取物体。新建 Box 组件，如图 270 所示。

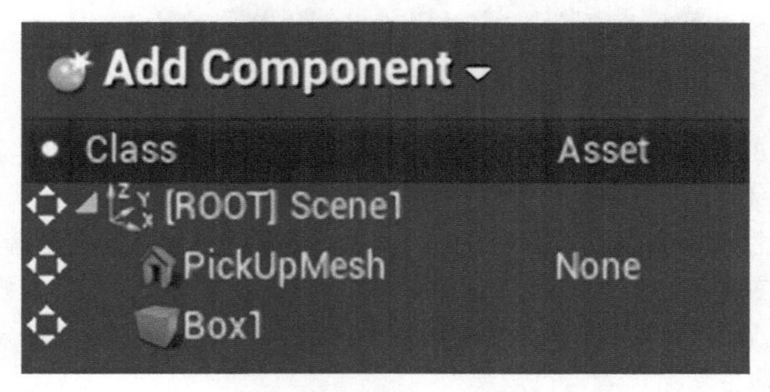

图 270　新建的 Box 组件

在蓝图的 Components（组件）视图中，您会看到这个盒子太小。这不是问题，因为我们很容易缩放其大小。单击选中 Box1 组件，组件列表下方的 Details（细节）面板中显示 Box 属性，如图 271 所示。

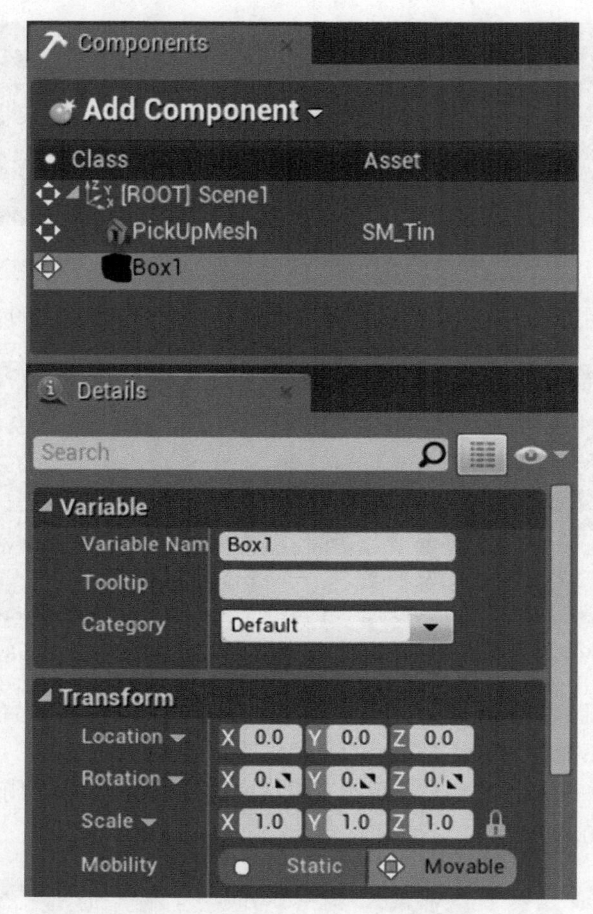

图 271　Details（细节）面板中 Box 组件的属性

如图 271 所示的这些设置中，有一个名为 Transform（变换）的部分，里面包含 Location（位置）、Rotation（旋转）、Scale（缩放）和 Mobility（移动性）等属性。之前我们已经在本书中介绍过这些属性。即使忘记了也没关系，因为这些属性的名称是自解释的。

Location（位置）属性用于修改 Box 的位置，Scale（缩放）属性用于修改 Box 的大小，Mobility（移动性）属性用于设置 Box 是否是可移动的，这里将其设置为 Movable（可移动的），Rotation（旋转）属性留给读者自己理解。

我尝试过对这些属性设置不同的值，最后发现将 Scale（缩放）属性的 *X*、*Y* 和 *Z* 值设置为 3 会得到最优结果。下面将 Scale（缩放）属性的 *X*、*Y* 和 *Z* 值从 1 修改为 3，如图 272 所示。

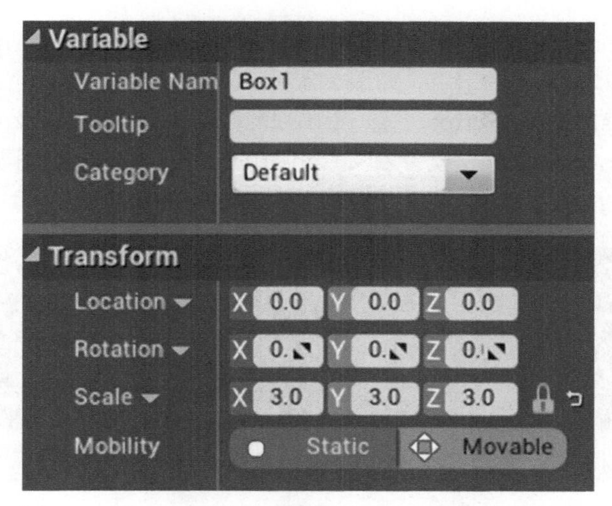

图 272　将 Scale（缩放）属性的 X、Y 和 Z 值设置为 3

现在已经创建了所有组件，下面创建蓝图代码。使用右上方的导航按钮，从 Components（组件）视图转到 Graph（图表）视图。

在写拾取检测等功能的正式代码之前，还需要编写部分代码设置拾取的对象。因为我们想在编辑器中设置，所以需要在 Construction Script 中增加代码。

我在第 9 步曾解释过 Construction Script：Construction Script 选项卡是编写蓝图初始化代码的地方。例如，设置蓝图的 Mesh（网格对象），告诉蓝图在特定情况下的行为，等等。

这听起来有点困难，但是当我们添加代码时，就会立刻明白了。还记得如何打开 Construction Script 视图吗？单击蓝图上方的选项卡进行切换，如图 273 所示。

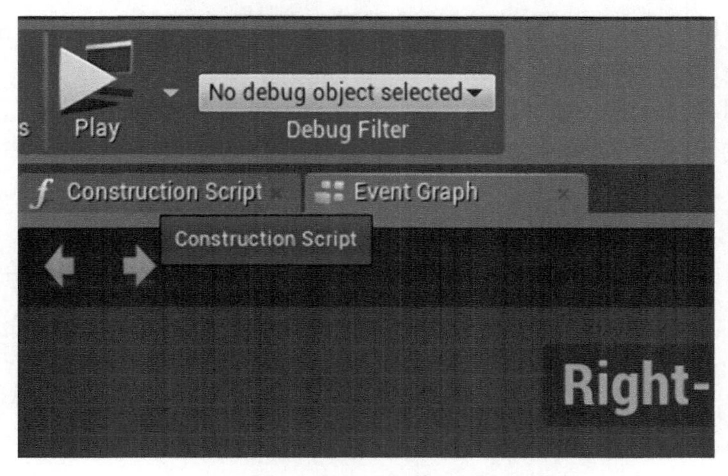

图 273　蓝图上方用于切换视图的选项卡

打开 Construction Script 视图，再次确认当前处于 Construction Script 视图，您会看到蓝图区域的中间有一个预先创建的节点，如图 274 所示。

该节点名为 Construction Script，有一个单独的输出执行引脚。什么时候会触发连接到该节点的代码呢？只要 Actor 出现，就会触发 Construction Script 内的代码，例如当关卡开始，或者当您在编辑器中创建蓝图时。甚至当修改属性，或者在编辑器中移动时它也会触发。

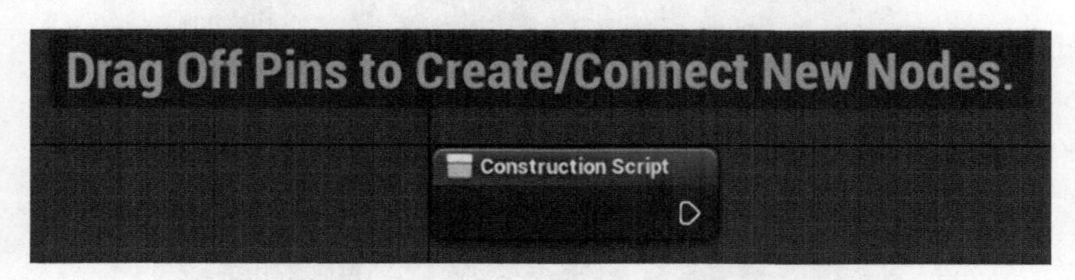

图 274　蓝图 Construction Script 视图中预先创建的节点

扼要重述一下，只要 Actor 出现，就会触发所有连接到 Construction Script 节点的代码。在当前情景下，就是我们需要挑选静态网格和设置属性时，就会触发这部分代码。

下面开始增加代码。首先，对静态网格组件设置网格，当前该组件的网格为空。我们采用的方式是使用一个 Integer（整型）。整型是任意的整数，如 0、1、2 等。使用整型来告诉蓝图什么时候是罐头？什么时候是按钮？如何工作的呢？假设当我们即将创建的 Integer（整型）是 0 时，显示罐头蓝图；当 Integer（整型）是 1 时，显示按钮蓝图。

该方法适用于很多不同的场景。例如用于创建菜单，Int（整型）为 0 时，玩家可以选择 New Game（新游戏）；Int（整型）为 1 时，玩家可以在 Options menu（选项菜单）上悬停；Int（整型）为 2 时，玩家可以看到 Quit Game（退出游戏）选项，等等。关于该方法的适用场景，我可以说上整整一天。所以还是期待您自己发现。

下面返回项目，前往 Variable library 新建一个变量，将变量类型设置为 Integer（整型），变量名为 PickupType，如图 275 所示。

设置该变量为 Public（公有，意思是该变量在编辑器中可见并能修改）。具体操作是单击该变量右边的闭眼睛的图标，使其变为睁开眼睛，示意变量是公有的、可编辑的，如图 276 所示。

保存并编译。编译蓝图之后，公有变量才能编辑。

现在已经创建好了变量，但是此刻变量还是空的，需要添加一些代码来给变量赋予信息。

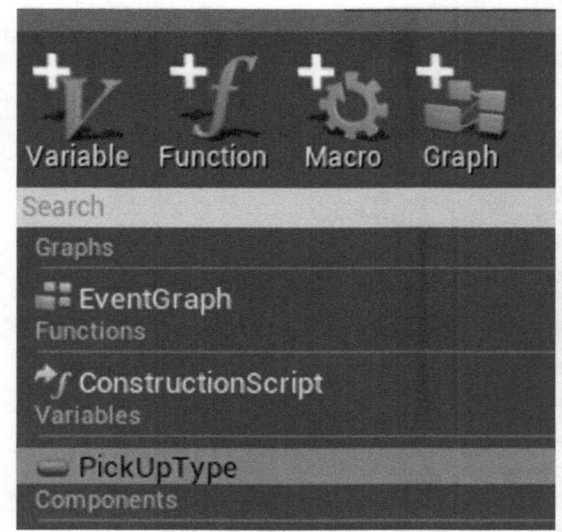

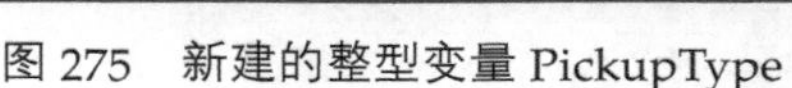

图 275　新建的整型变量 PickupType

图 276　将变量 PickUpType 设置为 Public（公有）

在蓝图区域，打开 Compact Blueprint Library，新建一个 Switch On Int（开启整型）节点[1]，如图 277 所示。

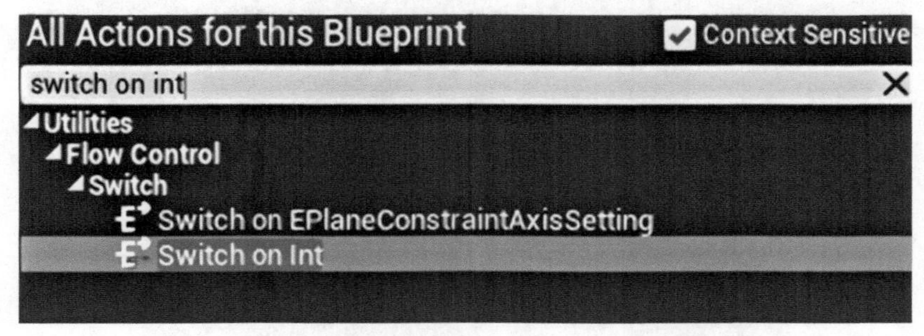

图 277　在 Compact Blueprint Library 中搜索 SwitchOnInt（开启整型）节点

该节点的功能是输入一个 Integer（整型）变量，根据其当前的值，触发不同的代码。这个整型变量就是 PickUpType。如果 Int 是 0，那么将蓝图设置为罐头蓝图；如果 Int 是 1，那么将蓝图设置为按钮蓝图。

Switch On Int（开启整型）节点如图 278 所示。

单击选中该节点，在 Variable Library 下方的 Details（细节）面板中找到 Has Default Pin 选项，取消右边的勾选，如图 279 所示。

这里不需要默认的引脚，所以取消勾选，保持节点干净易读。前往 Switch On Int（开启

[1] Switch On Int 节点是根据 Integer（整型）变量值选择执行的代码，括号中的翻译来自中文版 Unreal Engine 4.7——译者注。

整型）节点，单击 Add pin +（添加引脚+）按钮两次，出现两个输出执行引脚 0 和 1，如图 280 所示。

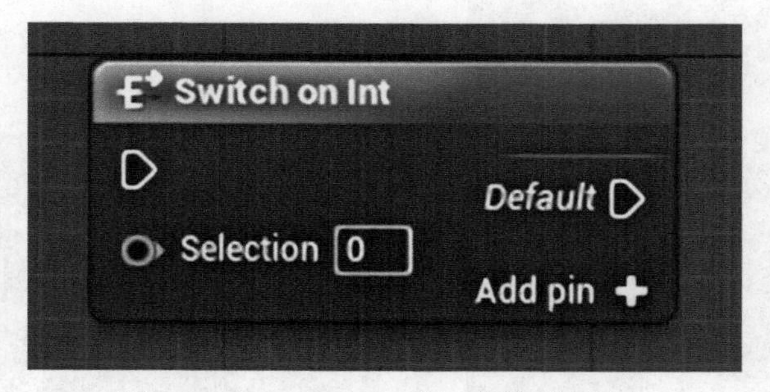

图 278　SwitchOnInt（开启整型）节点

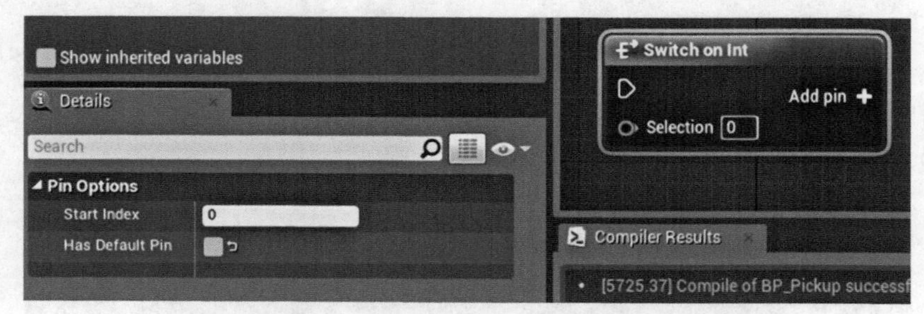

图 279　设置 SwitchOnInt（开启整型）节点

图 280　添加两个输出引脚的 Switch On Int（开启整型）节点

这就是根据 Int 值做出不同选择。如果 Int 是 0，那么将触发连接到输出执行引脚 0 的代码；如果 Int 是 1，那么将触发连接到输出执行引脚 1 的代码。

为什么 Int（整型）的取值范围是从 0 开始的呢？相当多的人会将第一个数字设置为 1，但是事实上是从 0 开始的。提供一种记忆方式：如果您玩过 Metal Gear Solid 4（合金装备 4），在游戏的结尾有这样一段独白，世界不是人们所认为的从 1 开始，而是从 0 开始。你不可能比

0 还少，但是可以从 0 开始一直增加，一直增加。这正是 Integer（整型）的工作原理!

再返回到当前项目。看一下 Switch On Int（开启整型）节点的 Selection 输入，是不是觉得少点什么呢？之前我们创建了一个整型，是不是应该连接到这里呢？

从 Variable Library 中将 PickUpType 变量拖拽到场景中，在弹出的菜单中选择 Get（获得），将其输出与 Switch on Int（开启整型）节点的 Selection 输入相连，如图 281 所示。

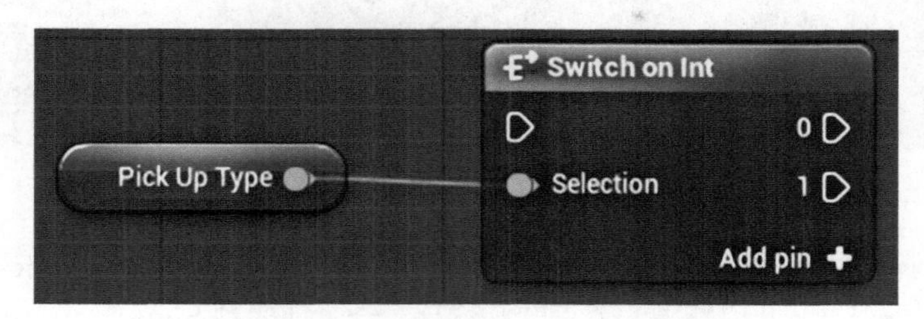

图 281　添加 PickUpType 变量并连接

在添加剩下的代码之前，还剩下一件事。就是将 Switch on Int（开启整型）节点的输入执行引脚与 Construction Script 节点的输出执行引脚相连，如图 282 所示。

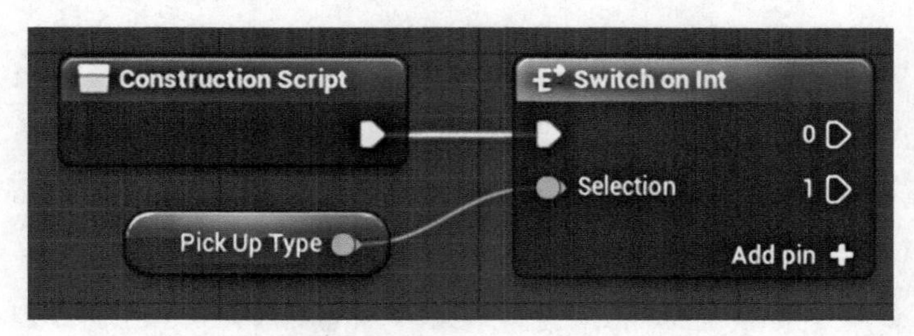

图 282　Switch on Int（开启整型）节点的输入执行引脚与 Construction Script 节点的输出执行引脚相连

上述这段代码解释为：当执行这段代码时，首先查看 PickUpType 的值，然后触发相应的代码。

细心的读者就会问了，什么时候在哪里设置过 PickUpType 变量的值呢？还记得将该变量设置为可编辑的吗？意思是可以在编辑器中设置它的值。也就是说当我们准备好了，就告诉蓝图它应该是什么对象。

基础代码基本搭建完，下面需要设置要显示的静态网格，然后在蓝图中添加代码。

根据不同的 Unreal Engine 版本，进行不同的设置。

1．如果是 Unreal Engine 4 的 4.6 及以上版本，那么打开 CBL，选择 Set Static Mesh<这里插入组件的名字>，选择连接节点。

2．如果是 Unreal Engine 4 的 4.6 之前版本，那么需要手动将静态网格物体从 Variable Library 拖拽到蓝图中，创建 Set Static Mesh 节点。

创建好的 Set Static Mesh 节点如图 283 所示。

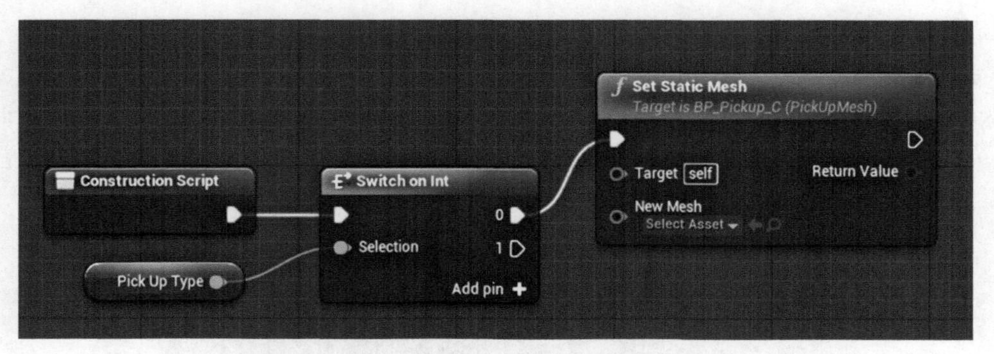

图 283　创建的 Set Static Mesh 节点

重复上述步骤，创建另一个 Set Static Mesh 节点。当前有两个 Set Static Mesh 节点，一个连接到 Switch on Int（开启整型）节点的 0 输出，一个连接到 Switch on Int（开启整型）节点的 1 输出，如图 284 所示。

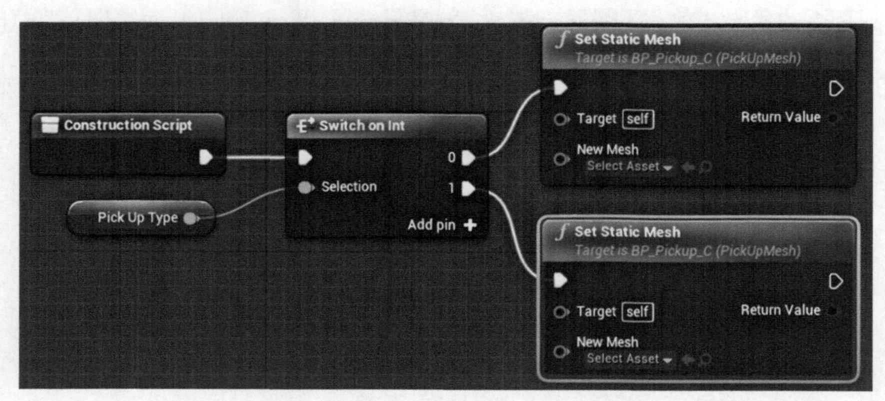

图 284　两个 Set Static Mesh 节点分别连接到 Switch on Int（开启整型）节点的 0 输出和 1 输出

在 Set Static Mesh 节点中，单击 New Mesh 的 Select Asset 按钮，在弹出的下拉菜单中选择您想使用的静态网格。您要保证在 Set Static Mesh 节点中使用的静态网格与 Switch on Int（开启整型）节点的输出是一一对应的。例如，将第一个 Set Static Mesh 节点的静态网格设置为罐头，将第二个 Set Static Mesh 节点的静态网格设置为按钮，如图 285 所示。

图 285 所示的蓝图是：**Construction Script>Switch on Int（开启整型）** (PickUpType) >**0** = Set Static Mesh (SM_Tin) / **1** = Set Static Mesh (SM_Button)。Construction Script 已经完成，下面前往 Event Graph（事件图表）。

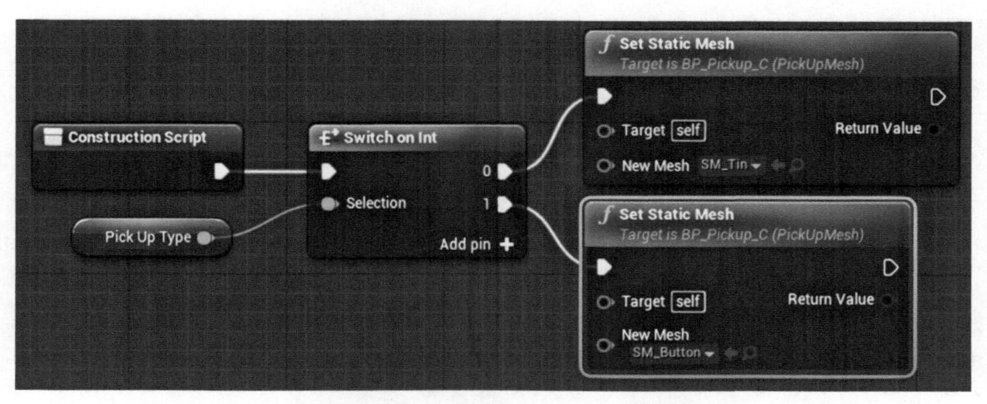

图 285　设置两个 Set Static Mesh 节点的静态网格

第 35 步　回到事件图表

在事件图表中，我们需要判断玩家是否在我们设置的 Trigger Volume（在组件视图中创建的 Box）中。如果在，那么在玩家的“背包”中添加静态网格物体，同时删除现有的静态网格物体。

前往 BP_Pickup 蓝图的 Event Graph（事件图表）添加代码。下面来添加碰撞事件，在 Variable Library 中，右键（Mac 上是 Ctrl 键+鼠标左键）单击 Box1，如图 286 所示。

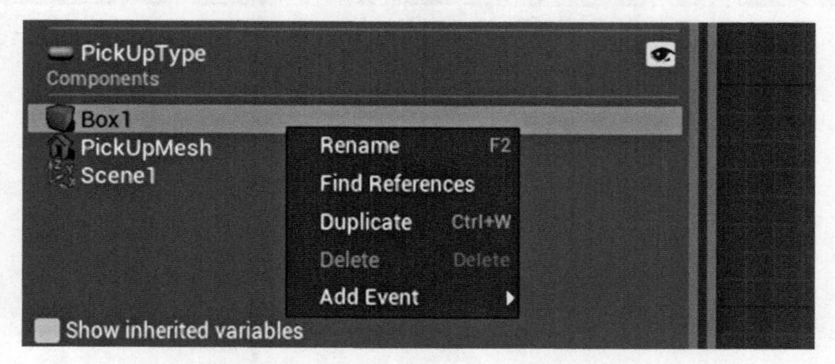

图 286　右键（Mac 上是 Ctrl 键+鼠标左键）单击 Box1

在弹出菜单中选择 Add Event（添加事件）。Event（事件）是蓝图的生命力，如果事件没有准确触发，那么代码不能执行。Add Event（添加事件）的二级菜单选项如图 287 所示。

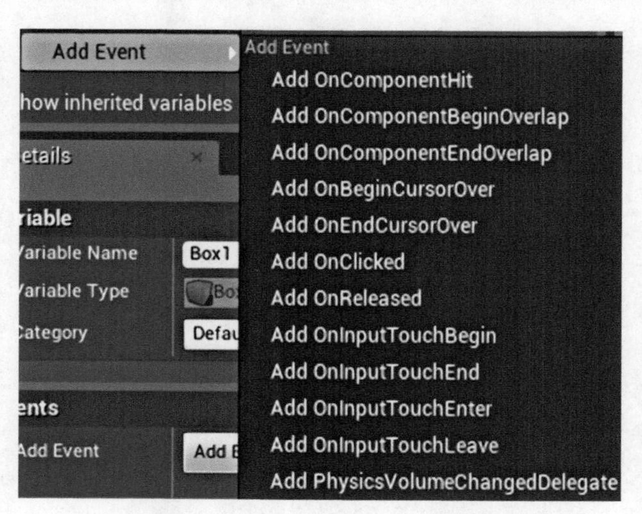

图 287　Add Event（添加事件）的二级菜单

这里有很多选项，下面快速浏览一下这些选项，选择一个最适合当前游戏的选项。

- Add OnComponentHit（添加 OnComponentHit）：当碰撞 Volume 被点击时触发代码，例如之前在讲解鼠标光标时提到的 Trace。
- Add OnComponentBeginOverlap / End Overlap（添加 OnComponentBegin Overlap / End Overlap）：当玩家或任意设置的对象进入或者离开 Volume 时触发代码，该选项之前用到过。
- Add OnBeginCursorOver / EndOnCursorOver（添加 OnBeginCursorOver / EndOnCursorOver）：当光标在当前 Volume 上滑动时触发代码，稍后将详细介绍。

当前我们需要的是 Add OnComponentBeginOverlap（添加 OnComponentBegin Overlap）事件，单击选中该事件，添加到蓝图中，如图 288 所示。

这里需要保证只有玩家才能触发代码，所以单击 OnComponentBeginOverlap 节点的 Other Actor 输出，向右拖拽打开 Compact Blueprint Library，选择 Equal(Object)创建==节点。

再次打开 CBL，新建 Get Player Character 节点，将其与 Equal(Object)节点的左下方输入相连，如图 289 所示。

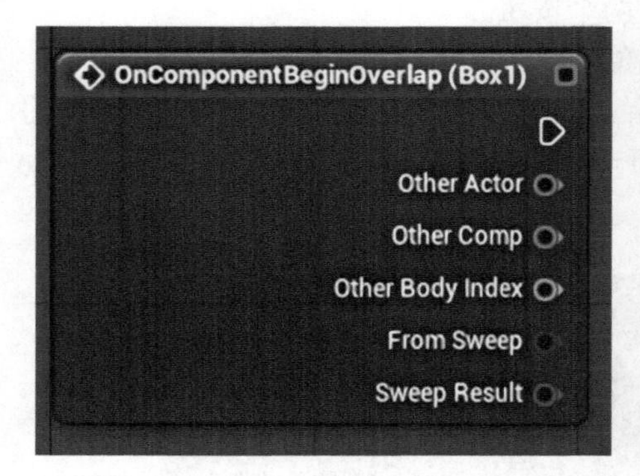

图 288　OnComponentBeginOverlap 事件节点

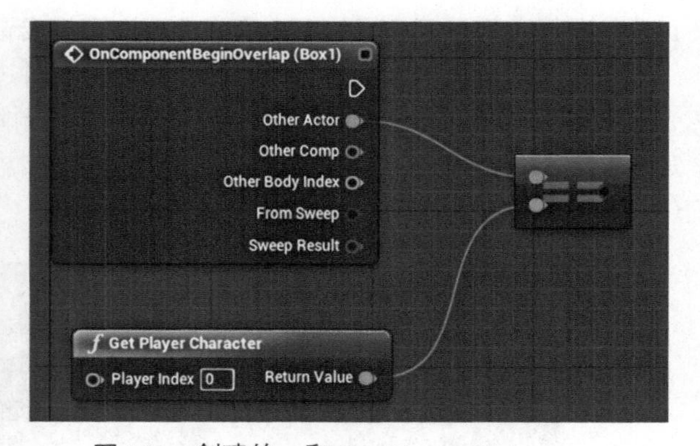

图 289　创建的==和 Get Player Character 节点及其连接

在继续之前，我来解释一下什么是 Player Index，用于何处。因为我们的项目中只有一个玩家，所以不需要这个输入，让其保持默认值 0 即可。Player Index 节点是绿色的输入，代表 Integer（整型）。如果创建的是多人游戏，那么用整型存储当前正确的玩家，然后仅激活与该玩家对应的代码。想要攻击一个玩家，或者给一个指定的玩家增加能量等情境下，Player Index 都是很有用的！

返回项目，Equal(Object)节点的输出是红色，表示 True /False（正确/错误）。现在，您应该猜到下一步的操作了吧。新建一个 Branch（分支）节点，将其 Condition 输入与 Equal(Object)节点的输出相连，将其输入执行引脚连接到 Overlap 事件节点的输出执行引脚，如图 290 所示。

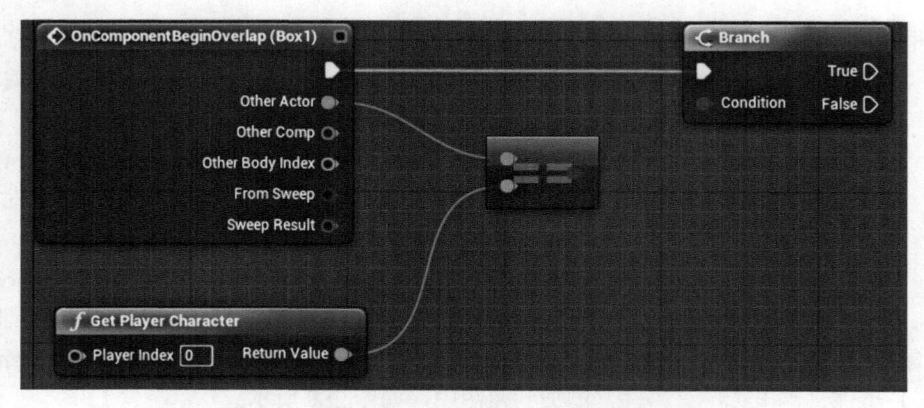

图 290　创建的 Branch（分支）节点及其连接

解释下这段代码：如果玩家碰到了 Box，那么……

下面我们重复一遍之前的操作，新建一个 Switch on Int（开启整型）节点。为什么呢？因为当创建这个蓝图时，将根据 PickupType 的值显示不同的蓝图对象。基于该信息，保证触发正确的代码，玩家不会最终在仓库中有两个罐头或者两个按钮。

这里我们要加快讲解速度了，我不再重复已讲过的内容，只讲解容易混淆的部分。

新建一个 Switch on Int（开启整型）节点，删除 default 引脚，增加 0 和 1 两个引脚。将其 Selection 输入连接到 PickupType 节点，输入执行节点连接到 Branch（分支）节点的 True（正确）输出，如图 291 所示。

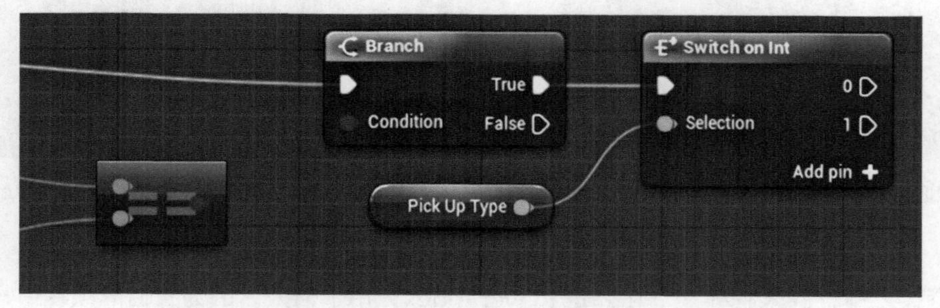

图 291　创建的 Switch on Int（开启整型）节点及其连接

在添加 Switch on Int（开启整型）节点的输出事件之前，我们先到 MyCharacter 蓝图中添加少量的代码。保持 BP_Pickup 蓝图处于打开状态，前往项目的主窗口。然后打开 MyCharacter 蓝图，它的默认位置是 Game > Blueprints > MyCharacter。但是 Epic 公司在每次版本更新时可能会改变它的位置，所以您最好通过 Content Browser（内容浏览器）中的搜索来查找。

第 36 步　MyCharacter 蓝图

MyCharacter 蓝图中已经有了一些代码。如果查看 Components（组件）视图，您会看到一个游戏角色、碰撞球体和摄像机。这是 Epic 公司为 Third Person Template（第三人物视角模板）创建的，所以我们不用花费时间自己创建。

该游戏角色和我们之前测试地图的游戏角色看起来一样，实际上就是一模一样的。您之后可以对自己游戏中的角色设置自定义静态网格，创建个性化动画。在看完本书之后，您可以创建额外的游戏角色，然后创建一个多人的 Epic 故事。

现在还是集中在本项目的核心代码上。下面新建两个自定义事件，一个是拾取罐头事件，一个是拾取按钮事件。

首先，保证当前处于 MyCharacter 蓝图。新建两个变量 HasFiredTin 和 HasFiredButton，变量类型是 Bool（布尔型），如图 292 所示。

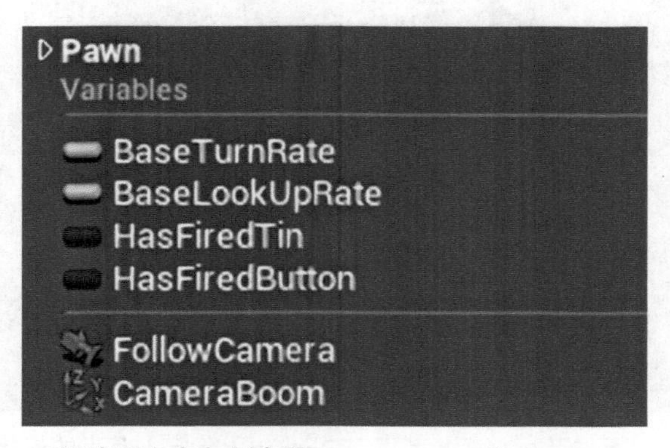

图 292　新建两个布尔型变量 HasFiredTin 和 HasFiredButton

这里新建两个变量就足够了，因为我们不想多次触发我们将要创建的这段代码。也就是说，我们的仓库中不需要有 500 个罐头和 500 个按钮，一个罐头和一个按钮刚刚好！

下面开始真正的蓝图操作。打开 Compact Blueprint Library，新建两个自定义事件 PickedUpTin 和 PickedUpButton，如图 293 所示。

从 Variable Library 中将新建的 HasFiredTin 和 HasFiredButton 两个变量拖拽到蓝图中，在弹出的窗口中选择 Get（获得），将它们分别连接到 Branch（分支）节点的 Condition 输入。两个 Branch（分支）节点与对应的事件相连：将 PickedUpTin 事件节点连接到与 HasFiredTin 相连的 Branch（分支）节点上，以此类推，如图 294 所示。

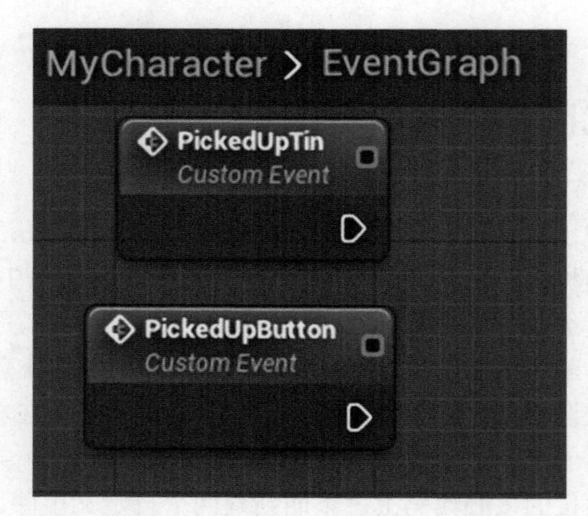

图 293　创建的两个自定义事件 PickedUpTin 和 PickedUpButton

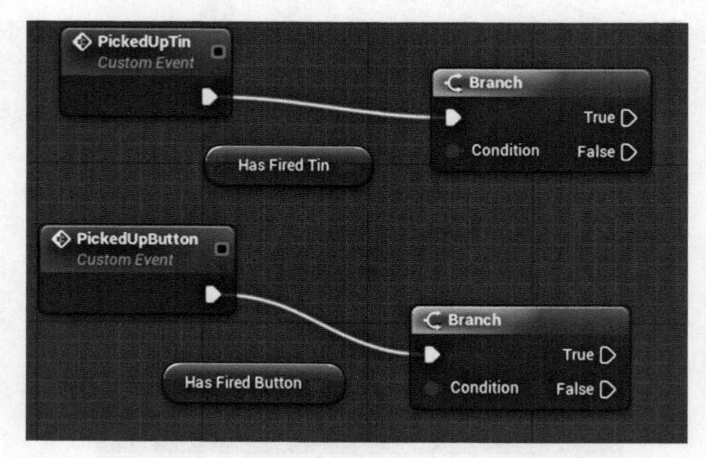

图 294　事件节点、变量节点与 Branch（分支）节点的连接关系

如果按钮或者罐头已经被拾取，那么我们不做任何操作。所以将 Branch（分支）节点的 True（正确）输出保留为空，不连接任何节点。

下面我们关注当玩家碰到了罐头或者按钮时会发生什么，也就是关注 Branch（分支）节点的 False（错误）输出。

当我们触发这些自定义事件时，首先检查代码是否已经被触发了。如果没有，那么告诉蓝图立刻执行代码。具体实现是设置 Has Fired Button 和 Has Fired Tin 这两个变量为真。具体操作是，再次从 Variable Library 中将 Has Fired Button 和 Has Fired Tin 拖拽到蓝图中，在弹出的窗口中选择 Set（设置），如图 295 所示。

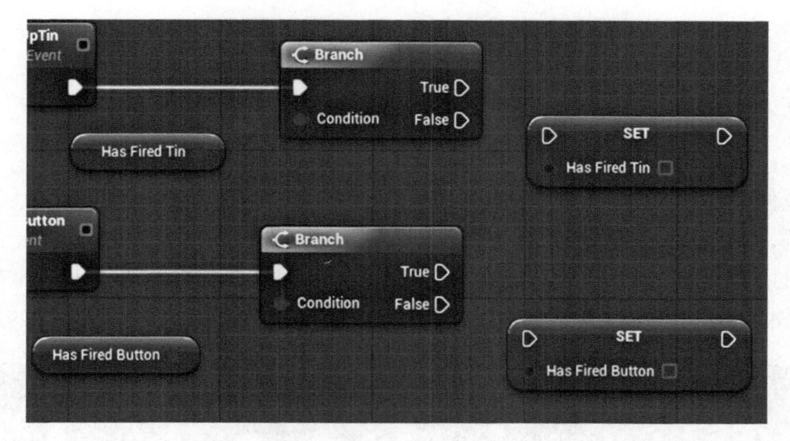

图 295　蓝图中新增 Has Fired Button 和 Has Fired Tin Set（设置）节点

单击 Has Fired Button 和 Has Fired Tin Set（设置）节点右侧的复选框，设置为真。将它们分别连接到 Branch（分支）节点的 False（错误）输出，如图 296 所示。

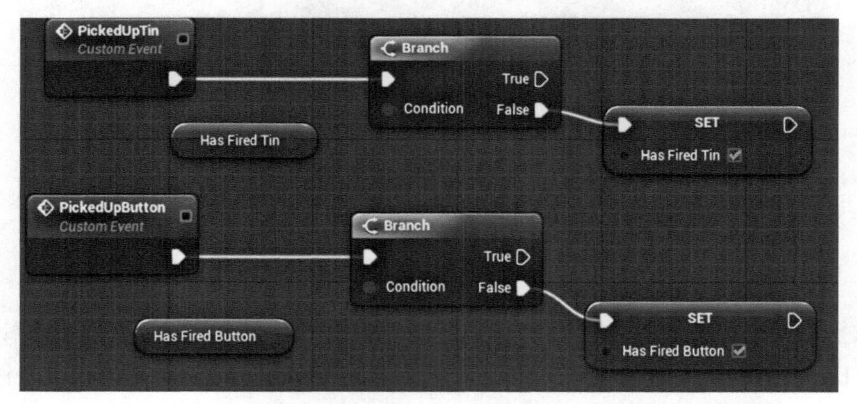

图 296　将 Has Fired Button 和 Has Fired Tin Set（设置）节点分别连接到 Branch（分支）节点的 False（错误）输出

以上就是 MyCharacter 蓝图现在需要的所有代码。编译并保存，关闭该窗口，并重新打开 BP_Pickup 蓝图。

第 37 步　返回 BP_Pickup 蓝图

还记得我们是在哪里离开 BP_Pickup 蓝图的吗？本来是要对 Switch On Int（开启整型）节点添加代码，但是因为我们需要的信息还没有创建好，所以暂时离开了。现在已经准备好了！

打开 CBL，搜索 Get Player Character 创建该节点。单击其右侧的输出，向右拖拽再次打开 Compact Blueprint Library，输入 Cast to MyCharacter 创建该节点，如图 297 所示。

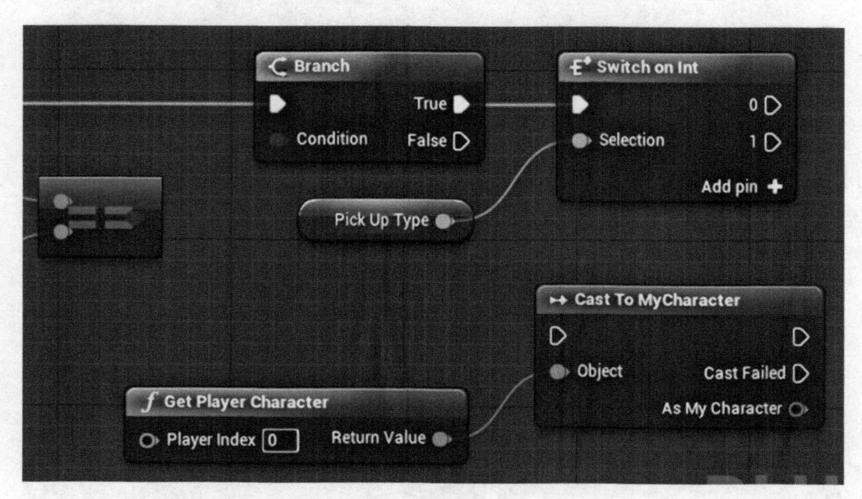

图 297　创建的 Get Player Character 和 Cast to MyCharacter 节点

单击 Cast to MyCharacter 节点的 As My Character 输出，向右拖拽打开 CBL，输入 Picked Up，选择 Picked Up Tin 节点，如图 298 所示。该节点是我们之前创建的自定义事件。当该节点被激活时，它将触发连接到该事件节点的 MyCharacter 蓝图代码。

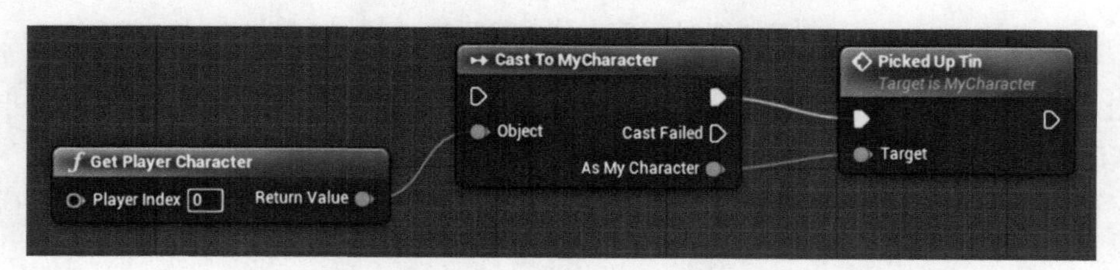

图 298　创建的 Picked Up Tin 节点

之前这段代码不能执行，是因为没有与 OnComponcentBeginOverlap 事件节点相连。下面将 Cast to MyCharacter 节点的输入执行引脚连接到 Switch On Int（开启整型）节点的 0 输出引脚，如图 299 所示。

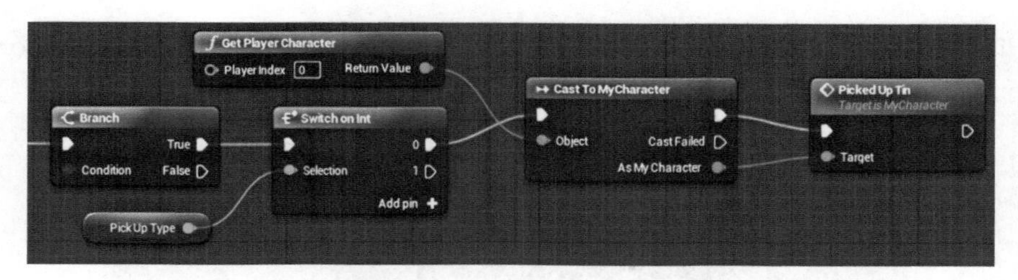

图 299　将 Cast to MyCharacter 节点的输入执行引脚连接到 Switch On Int（开启整型）节点的 0 输出引脚

对 Picked Up Button 节点重复之前的步骤，将其连接到 Switch On Int（开启整型）节点的 1 输出，如图 300 所示。

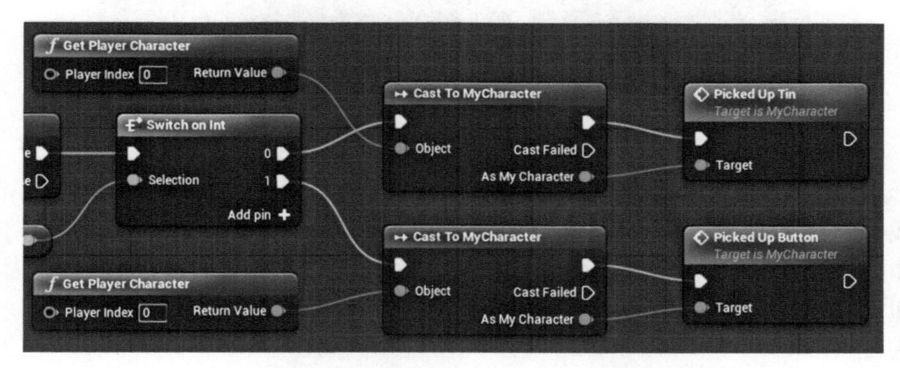

图 300　创建的 Picked Up Button 节点及其连接操作

下面我们要做的是，当玩家完成拾取，就销毁这个 BP_Pickup 对象。这里我们仅仅让蓝图消失，花哨的效果之后再介绍！

为了销毁蓝图，再次打开 Compact Blueprint Library，输入 Destroy，选择 Destroy Actor 节点，如图 301 所示。

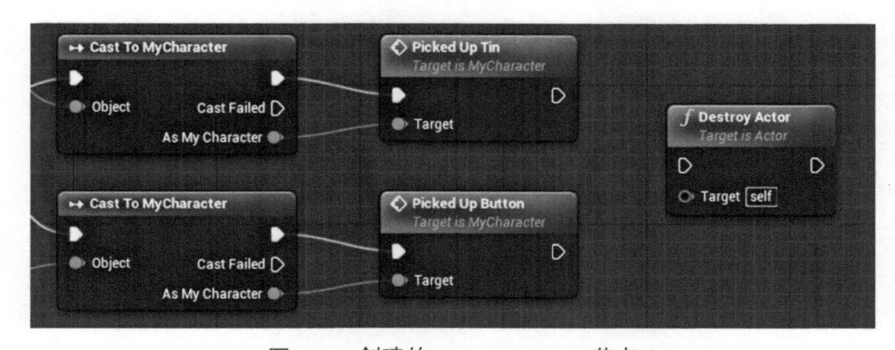

图 301　创建的 Destroy Actor 节点

将 Picked Up Tin 和 Picked Up Button 两个节点的输出执行引脚与 Destroy Actor 节点的输入执行引脚相连，如图 302 所示。

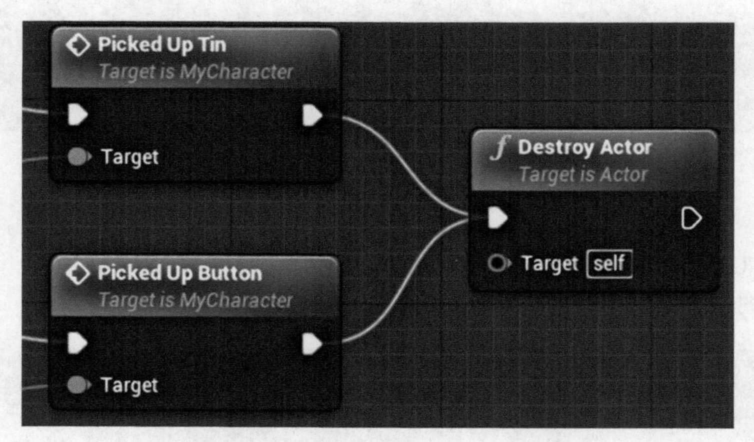

图 302　Picked Up Tin 和 Picked Up Button 两个节点的输出执行引脚与 Destroy Actor 节点的输入执行引脚相连

让我们用平实的语言快速回顾下这段代码：如果玩家触碰到盒子，那么先判断对象是什么？如果是罐头，那么激活 MyCharacter 蓝图中的代码，告诉它拾取的对象是罐头；如果是按钮，采取同样的操作，只不过换成按钮。告诉完 MyCharacter 蓝图该信息之后，销毁该蓝图。

编译并保存。在完成该项目之前，还需要返回 Level Blueprint（关卡蓝图）！

第 38 步　返回关卡蓝图

编译并保存 BP_Pickup 蓝图之后，前往蓝图的主窗口，使用上方的切换按钮前往 Level Blueprint（关卡蓝图）。

在关卡蓝图中找到 Event Tick 事件。因为每个蓝图中只有一个 Event Tick 事件，所以如果您再新建一个 Event Tick 事件时，就会自动跳到蓝图中已存在的这个节点。这是定位 Event Tick 事件的一个好方法。

这时，Event Tick 节点的输出应该已经连接了某个节点。下面单击 Event Tick 节点的输出，向右拖拽打开 CBL，输入 Sequence，创建 Sequence（序列）节点。之前连接到 Event Tick 的节点将自动连接到 Sequence（序列）节点，如图 303 所示。

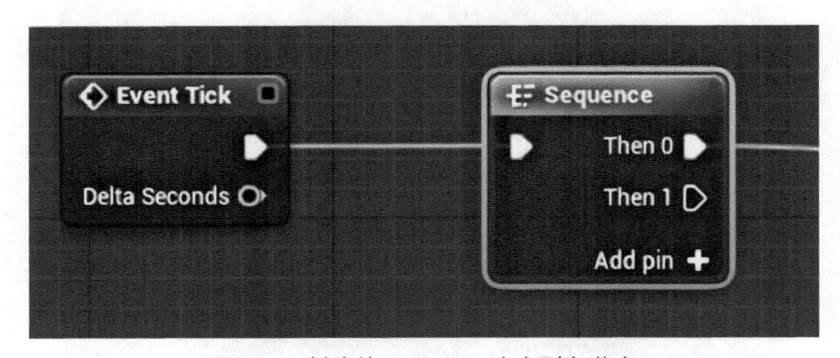

图 303　创建的 Sequence（序列）节点

什么是 Sequence（序列）节点呢？Sequence（序列）节点是能够同时触发多段代码的节点。通常在您需要同时执行多个操作，或者需要只有一个输出执行引脚时，创建 Sequence（序列）节点。我们此刻的情景就是使用 Sequence（序列）节点的很好示例。

在继续之前，快速返回主场景视图。还记得如何将摄像机和 Trigger Box（盒体触发器）添加到关卡蓝图中吗？我们将针对关卡中的一扇门执行同样的操作。在关卡中任选一扇玩家可以穿过的门，同时这扇门与罐头和按钮所在房间是连接的。

单击这扇门让其高亮显示，返回关卡蓝图。再次打开 Compact Blueprint Library，您将会看到 Add reference to BP_Door（这扇门的名字）选项，单击创建该节点，如图 304 所示。

下面我们加快讲解速度。在 Variable Library 中新建一个 Bool（布尔型）的变量，命名为 HasFired，如图 305 所示。之后将会用到该变量。

现在返回到主蓝图，新建一个 Get Player Character 节点，基于它再创建一个 Cast to MyCharacter 节点，如图 306 所示。

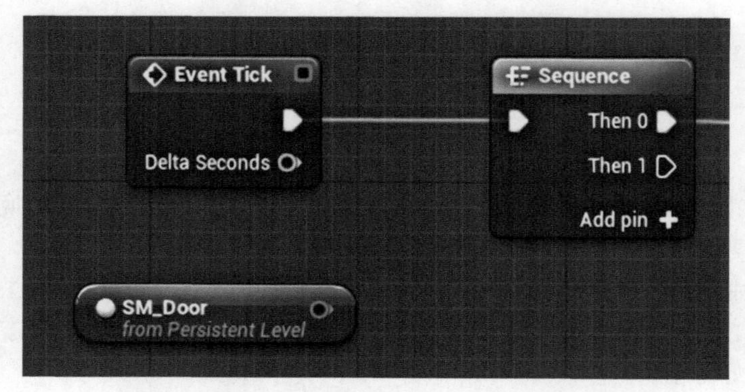

图 304　创建的 Add reference to BP_Door 节点

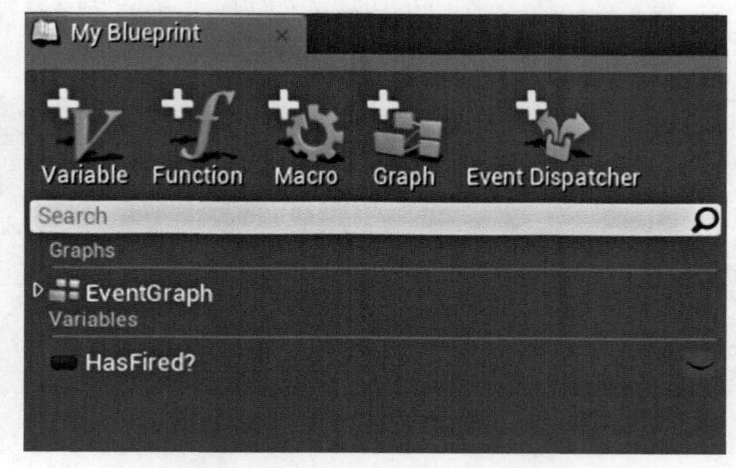

图 305　新建 Bool（布尔型）变量 HasFired

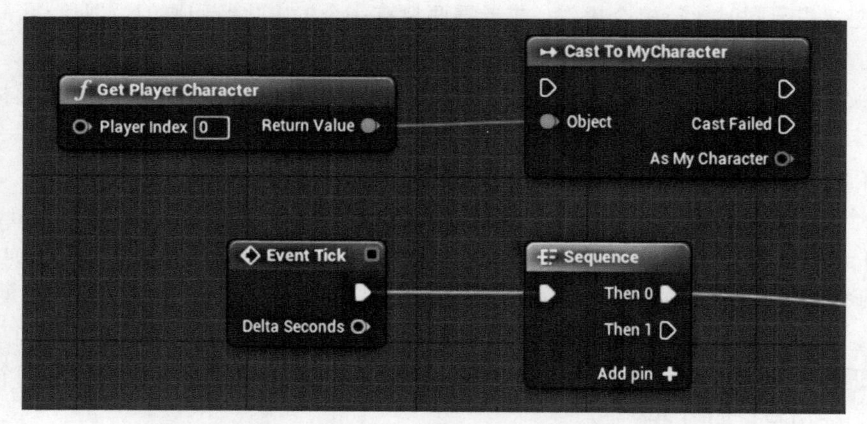

图 306　创建的 Get Player Character 和 Cast to MyCharacter 节点

单击 Cast to MyCharacter 节点的 AsMyCharacter 输出，向右拖拽，输入 Has Fired Tin，将显示该节点。

如果没有显示出来，那么您使用的 Unreal Engine 版本可能出了点问题。没关系，这个问题很容易解决：返回到 MyCharacter 蓝图，在 Variable Library 中单击 Has Fired Tin 和 Has Fired Button 这两个变量右边的闭眼图标。编译并保存，返回到关卡蓝图，编译关卡蓝图。然后重复刚刚的操作：单击 Cast to MyCharacter 节点的 AsMyCharacter 输出，向右拖拽，输入 Has Fired Tin，将显示该节点了，选择 Get Has Fired Tin 创建该节点。同样地，创建 Get Has Fired Button 节点，如图 307 所示。

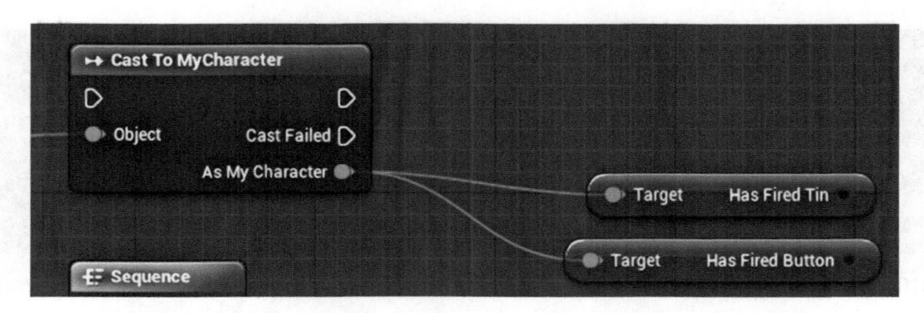

图 307　创建的 Get Has Fired Tin 和 Get Has Fired Button 节点

新建两个 Branch（分支）节点，将 Has Fired Tin 和 Has Fired Button 这两个节点分别连接到 Branch（分支）节点的 Condition 输入，顺序无所谓，如图 308 所示。

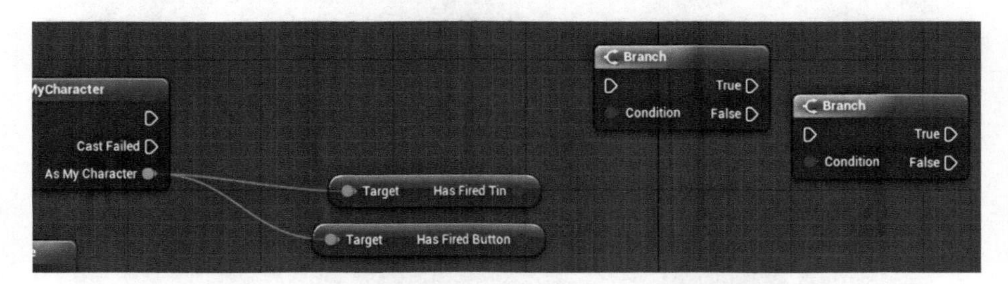

图 308　创建的两个 Branch（分支）节点及其连接

将第一个 Branch（分支）节点的 True（正确）输出引脚与第二个 Branch（分支）节点的输入执行引脚相连，如图 309 所示。

现在蓝图已经有些眉目了。别担心，一会儿我将用平实的语言解释一下这段代码。

下面将 Cast to MyCharacter 节点的输出执行引脚（注意不是 Cast Failed 输出引脚）连接到 Branch（分支）节点的第一个输入引脚，如图 310 所示。

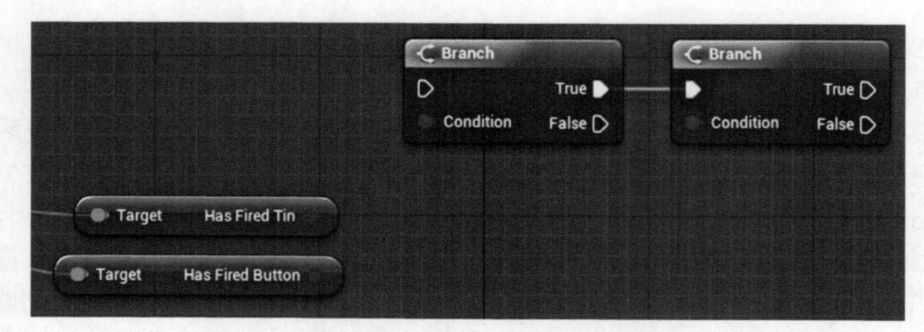

图 309　将第一个 Branch（分支）节点的 True（正确）输出与第二个 Branch（分支）节点的输入相连

图 310　Cast to MyCharacter 节点的输出执行引脚与 Branch（分支）节点的第一个输入相连

在继续之前，看一下 Cast To MyCharacter 节点的输入执行引脚，之前还没有与任何一个节点相连。下面将其连接到 Sequence（序列）节点的 Then 1 输出，如图 311 所示。

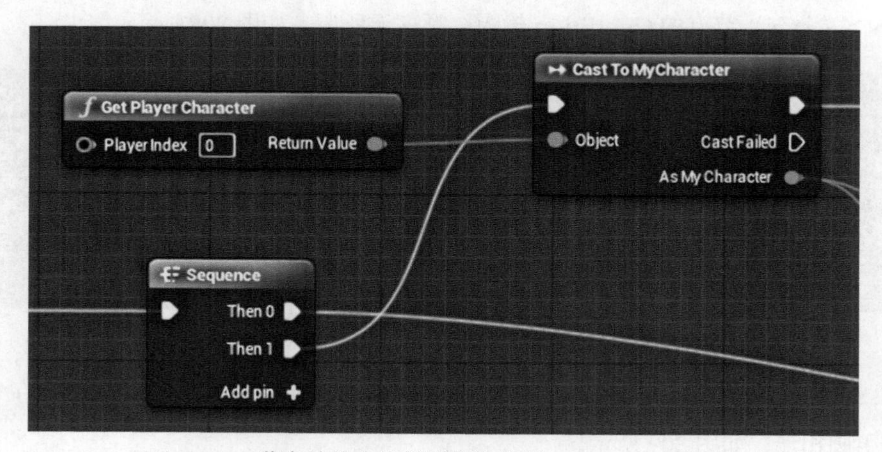

图 311　Cast To MyCharacter 节点的输入执行引脚连接到 Sequence（序列）节点的 Then 1 输出

再新建一个 Branch（分支）节点，将其与第二个 Branch（分支）节点的 True（正确）输出相连。单击新建的 Branch（分支）节点的 Condition 输入，连接到几步之前创建的 HasFired 变量，如图 312 所示。

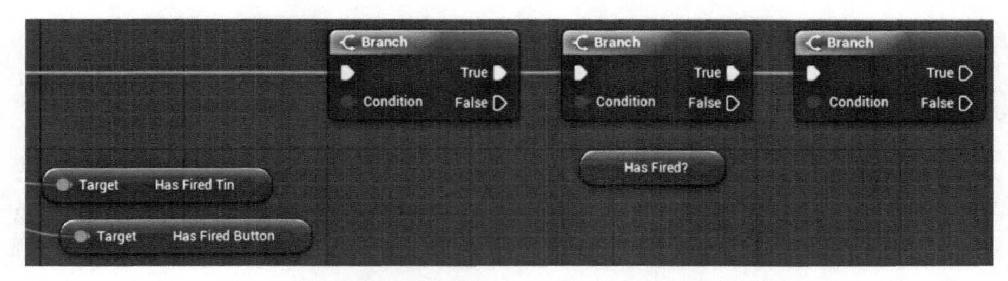

图 312　再新建一个 Branch（分支）节点及其连接

再次将 HasFired 变量从 Variable Library 拖拽到蓝图中，选择 Set（设置）。将其连接到第三个 Branch（分支）节点的 False（错误）输出，勾选 Set HasFired 节点的复选框，并设置为真，如图 313 所示。

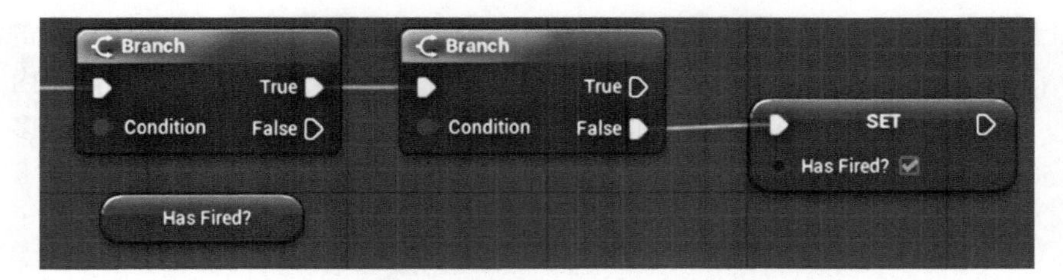

图 313　创建的 Set HasFired 节点及其连接

还记得几步之前将门添加到蓝图中吗？单击 BP_Door 节点的输出，向右拖拽打开 CBL，输入 OpenDoor（在 BP_Door 蓝图中创建的自定义事件），创建 OpenDoor 节点，将其连接到 Set HasFired 节点，如图 314 所示。

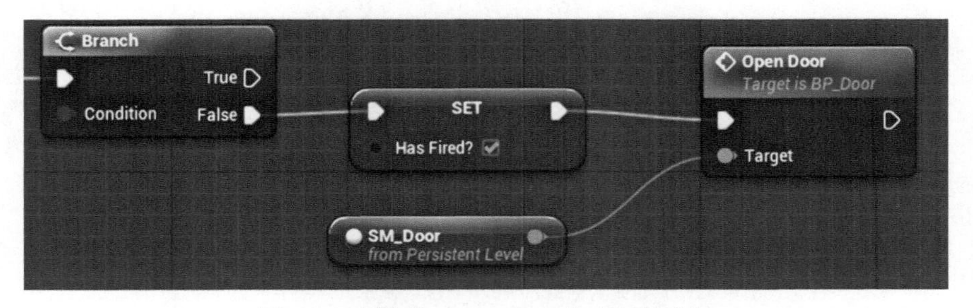

图 314　创建的 OpenDoor 节点及其连接

这段代码的意思是，检查是否已经拾取罐头和按钮。如果是，并且这段代码还没有被触发，那么执行打开门的代码，并且保证这段代码不会再被触发。

现在我们的项目还剩下最后一步操作。

第 39 步　发布项目

找到玩家开始的房间，当玩家收集齐按钮和罐头两个物品时，房间的门将会打开。在 Content Browser（内容浏览器）中插入两个 BP_Pickup。在其中一个 BP_Pickup 的 Details（细节）面板中，设置默认的 PickUp 类型为 1，也就是将其变成按钮，将另外一个 BP_Pickup 设置为 0。

现在，测试项目。生效了！非常棒！

很遗憾，第一本书就到此结束了。我不想把书写得太厚，所以尽量写些核心的内容。下一本书将会讲解更进一步的内容，例如将元素组合在一起控制门的开关、UMG（显示）、玩家选择（游戏角色来改变事件）以及更多炫酷的内容！

我们已经触碰到了冰山一角，建议您根据学到的知识继续扩展，开发出了不起的游戏。

我本来想在第一本书中讲解所有内容，但是书变得越来越厚，就不得已将部分内容放到第二本书中。本书已经讲解了很多内容，但是 Unreal Engine 蓝图的内容还有很多很多，我们只是将您领进门。希望您能喜欢这本书。

附录　常用变量类型

变量名	变量颜色	功　　能
Bool（布尔）	红	Yes / No (True / False，真假)
Float（浮点）	绿	记录时间或者特定的值，如速度是 15.10
Integer（整型）	蓝绿色	0 到无穷之间的数，但是不包含小数
Vector（向量）	黄	三维空间中一个对象的位置，*X Y Z* 的值
Rotator（旋转体）	淡蓝色/ 紫色	三维中对象的旋转，*X Y Z* 的值